たのしくできる
ブレッドボード電子工作

西田和明 [著]

サンハヤト㈱ ブレッドボード愛好会 [協力]

東京電機大学出版局

はじめに

　電子工作で回路を組み立てる場合には，トランジスタや抵抗，コンデンサなどの電子部品どうしを接続します。この方法としては，昔からハンダごてを使ってハンダ付けをしていました。実験や実習で回路を変更するときや間違って部品を取り付けてしまったときには，いちいちハンダを加熱して部品を取り外す作業が必要でした。この面倒な作業を解消してくれるのが『ブレッドボード』です。ボード上の小さな穴に電子部品を差し込むだけで，簡単に回路を組み立てることができます。もちろんハンダ付けは不要で，同じ部品を繰り返し使うことができます。まさに，実験や実習を行うのにぴったりです。

　本書の基礎編では，抵抗やトランジスタ，ICなどの電子部品の概要や基本的な使用方法を解説します。製作編では，「小鳥のさえずり声発生器」，「警報音発生器」，「マイク・アンプ」，「電子メトロノーム」，「念力ゲーム器」，「電子ルーレット」，「早押しゲーム器」，「2進数3桁加算器」，「アナ・デジ電圧レベル計」，「電子アンケート集計器」など，アナログ回路とデジタル回路を製作しながら楽しめる内容になっています。いずれも基本的な回路ですので，部品の交換が容易にできるブレッドボードの特性を活かして，自分好みの回路の製作にもチャレンジしてみてください。

　みなさんが電子工作で一番悩むのが，部品類の入手方法ではないでしょうか。製作編で使用している電子部品やブレッドボードをサンハヤト㈱から入手できますので，巻末の案内をご覧ください。

　本書をご愛読いただき，一人でも多くの電子工作愛好家が誕生し，社会や趣味の世界でご活躍されることを祈念いたします。

　刊行にあたり，サンハヤト㈱ブレッドボード愛好会の山崎文徳氏，河連庸子氏，同社の前川恭一氏，本城敏也氏，また東京電機大学出版局の石沢岳彦氏には大変お世話になりました。お力添えをいただいた多くの皆様にお礼を申し上げます。

2011年3月

著者しるす

目 次

《基礎編》

1. ブレッドボードの基礎知識 ……………………… 2
   1.1 本書で使用するブレッドボード ……………………… 4
   （1）　ブレッドボード　SRH-32
   （2）　ジャンプワイヤーのセット　SKS-350, SKS-390

2. おもな電子部品について ……………………… 5
   2.1 抵抗 ……………………………………………………… 5
   （1）　固定抵抗器
   （2）　可変抵抗器
   2.2 コンデンサ ……………………………………………… 9
   （1）　固定コンデンサ
   （2）　可変コンデンサ
   2.3 ダイオード …………………………………………… 11
   （1）　ゲルマニウム・ダイオードとシリコン・ダイオード
   （2）　ツェナー・ダイオード
   （3）　LED
   2.4 トランジスタ ………………………………………… 14
   （1）　NPN 型トランジスタ（2SC1815Y）
   （2）　PNP 形トランジスタ（2SA1015Y）
   （3）　トランジスタ型名の最後に付いている Y の文字の意味

3. 回路図について ……………………………… 16
   （1）　単位が省略されることがある
   （2）　部品番号と部品リストの表記法
   （3）　回路は左側から右側に信号の流れに沿って描かれる
   （4）　IC の回路表示について

4. 本書で使用するアナログICの基礎 ………………… 18
- 4.1 ICアンプ「LM386」 ……………………………… 18
- 4.2 タイマIC「555」 …………………………………… 19
  - (1) モノステーブル・モード
  - (2) アステーブル・モード
- 4.3 比較器「LM339」 ………………………………… 24

5. デジタル回路の基礎知識 ……………………………… 25
- 5.1 なぜデジタル ………………………………………… 25
- 5.2 CMOS・ICとTTL・IC …………………………… 27
  - (1) CMOS・IC
  - (2) TTL・IC
  - (3) 論理レベル
  - (4) CMOSとTTLの比較
- 5.3 論理回路 ……………………………………………… 30
  - (1) 論理（ロジック）回路とは
  - (2) 真理値表
- 5.4 フリップフロップ回路 ……………………………… 34
  - (1) R-Sフリップフロップ
  - (2) 出力Qと$\overline{Q}$について
  - (3) J-Kフリップフロップ回路
    - 信号波形について ……………………………… 37
    - クロックパルス ………………………………… 37
  - (4) Dフリップフロップ回路
  - (5) J-K型から他の型への変換
- 5.5 カウンタ（計数器） ………………………………… 39
  - (1) 2進カウンタ
  - (2) デジタル・カウンタの計数出力の読み方
  - (3) デジタル値の読み方のまとめ
  - (4) 10進カウンタの作り方
  - (5) 非同期型カウンタと同期型カウンタ
  - (6) カウンタ回路の応用（2進カウンタによるLEDの点滅）
  - (7) 16進カウンタの応用回路
    - デジタルICの結線上の注意 …………………… 49

5.6　シフトレジスタ回路 ……………………………………… 50
　　　（1）　順番に信号を出す回路
　　　（2）　シフトレジスタについて
　　　（3）　シフトレジスタでリングカウンタを作る
　　　（4）　Dフリップフロップ回路を使ったシフトレジスタ

《製作編》

6. 回路の製作を始める前に ……………………… 56
　　　（1）　ジャンプワイヤー
　　　（2）　ジャンプワイヤーの種類
　　　（3）　製作に入る前の留意点

7. LED表示トランジスタ式導通センサ …………… 60
　　　（1）　ダーリントン接続回路について
　　　（2）　回路のブロック図
　　　（3）　製作する回路図
　　　（4）　ブレッドボードへの実装
　　　（5）　この回路の操作方法

8. トランジスタ式タイマ ……………………………… 63
　　　（1）　回路のブロック図
　　　（2）　製作する回路図
　　　（3）　ブレッドボードへの実装
　　　（4）　この回路の操作方法

9. LED交互点滅器 ………………………………… 67
　　　（1）　回路のブロック図
　　　（2）　製作する回路図
　　　（3）　ブレッドボードへの実装
　　　（4）　この回路の操作方法

10. 小鳥のさえずり声発生器 ……………………… 71
　（1）　弛張発振回路
　（2）　回路のブロック図
　（3）　製作する回路図
　（4）　ブレッドボードへの実装
　（5）　この回路の操作方法

11. フォト・トランジスタを使用した光センサ ……… 75
　（1）　回路のブロック図
　（2）　製作する回路図
　（3）　ブレッドボードへの実装
　（4）　この回路の操作方法

12. タイマIC「555」を使ったタッチ・センサ …… 79
　（1）　回路のブロック図
　（2）　製作する回路図
　（3）　ブレッドボードへの実装
　（4）　この回路の操作方法

13. CMOS・ICを使った警報音発生器……………… 83
　（1）　基本的な発振回路
　（2）　音響発振器
　（3）　回路のブロック図
　（4）　製作する回路図
　（5）　ブレッドボードへの実装
　（6）　この回路の操作方法

14. ICを使ったマイク・アンプ ……………………… 88
　（1）　回路のブロック図
　（2）　製作する回路図
　（3）　ブレッドボードへの実装
　（4）　この回路の操作方法

15. アナ・デジ電圧レベル計 ……………………………… 92
(1) 測定電圧のアナ・デジ変換方法
(2) 回路のブロック図
(3) 製作する回路図
(4) ブレッドボードへの実装
(5) この回路の操作方法
   0.5V ステップでの読み方 …………………………… 97

16. 念力ゲーム器 ……………………………………………… 98
(1) 回路のブロック図
(2) 製作する回路図
(3) ブレッドボードへの実装
(4) この回路の操作方法

17. 早押しゲーム器 ………………………………………… 102
(1) 回路のブロック図
(2) 製作する回路図
(3) ブレッドボードへの実装
(4) この回路の操作方法

18. 流れるLED表示器 ……………………………………… 107
(1) 回路のブロック図
(2) 製作する回路図
(3) ブレッドボードへの実装
(4) この回路の操作方法

19. 電子ルーレット ………………………………………… 113
(1) 回路のブロック図
(2) 製作する回路図
(3) ブレッドボードへの実装
(4) この回路の操作方法

20. 電子メトロノーム ………………………………… **118**
- （1） 回路のブロック図
- （2） 製作する回路図
- （3） ブレッドボードへの実装
- （4） この回路の操作方法

21. 1ビット加算器（10進数表示） ……………… **125**
- （1） 回路のブロック図
- （2） 製作する回路図
- （3） ブレッドボードへの実装
- （4） この回路の操作方法

22. 2進数3桁加算器 ………………………………… **130**
- （1） 2進数の加算の約束
- （2） 製作する回路図
- （3） ブレッドボードへの実装
- （4） この回路の操作方法

23. YES／NOの回答数がすぐに解る
　　　「電子アンケート集計器」 … **138**
- （1） 製作する電子アンケート集計器とは
- （2） 回路のブロック図
- （3） 製作する回路図
- （4） ブレッドボードへの実装
- （5） この回路の操作方法

部品の入手先について ………………………… **149**
カラー展開図・写真のダウンロード …………… **149**

索引 ………………………………………………… **150**

基礎編

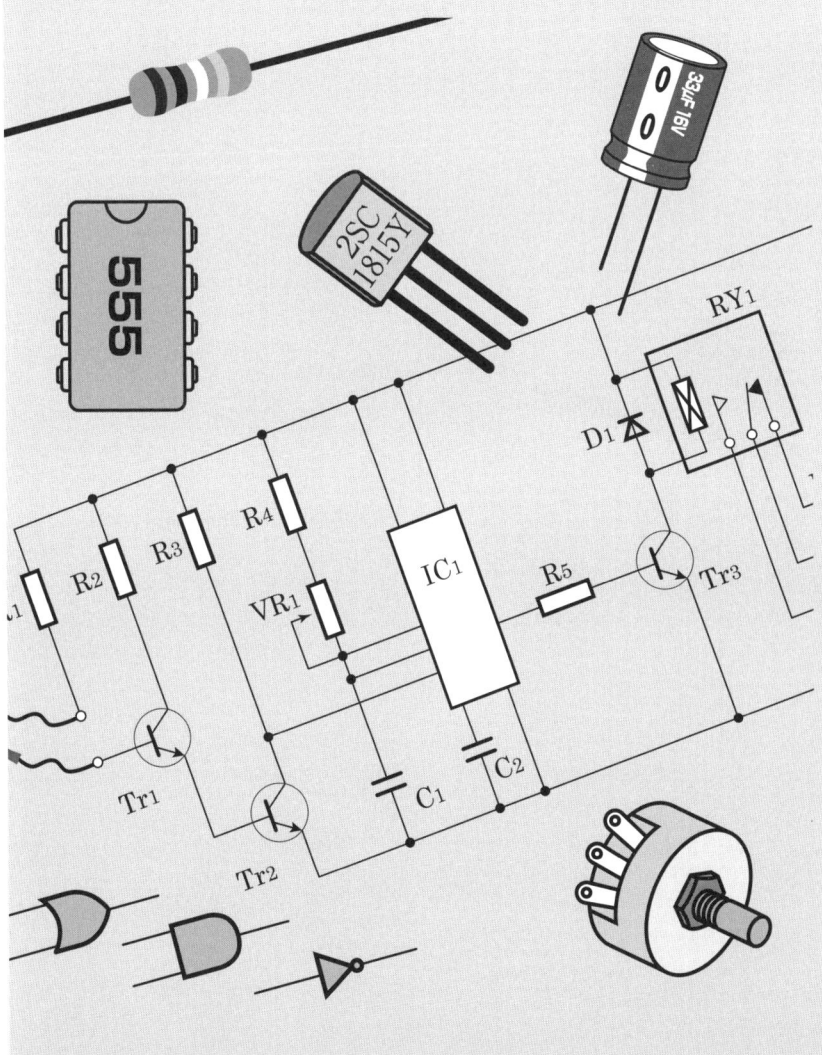

1. ブレッドボードの基礎知識

※ bread board：語源はパン生地を切るための「まな板」のようです。

ブレッドボード※を直訳すると，『パンの板』となります。食パン状の板と思って下さい。食パンの表面に電子部品を差し込んで電気回路を組み上げていく様子が似ているので，このように呼ばれています。離れた部品間の接続には，**ジャンプワイヤー**という専用の線材を使用します。この線は，先端が差し込みやすいように加工されていて，片方の先端がU字型※やミノムシクリップになっているものもあります。

※Y型ラグ端子といいます。

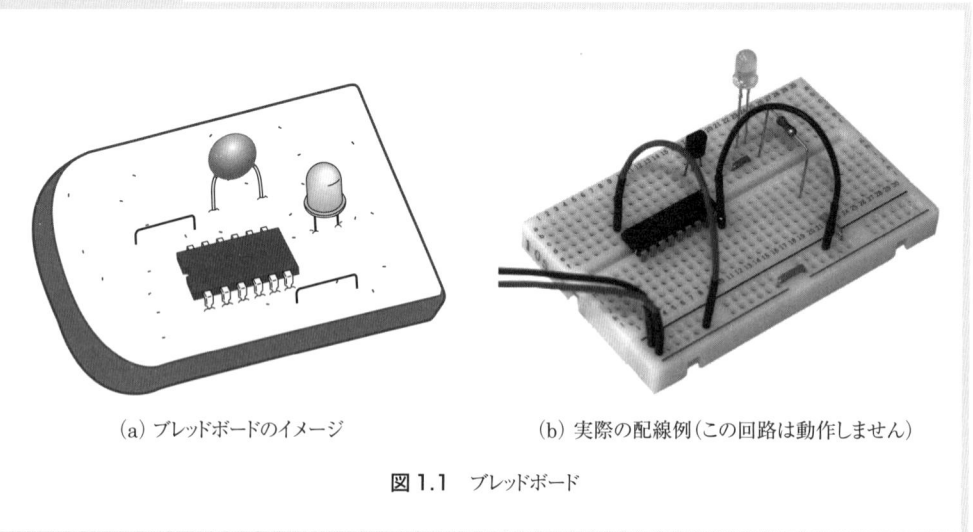

(a) ブレッドボードのイメージ　　　　(b) 実際の配線例（この回路は動作しません）

図 1.1　ブレッドボード

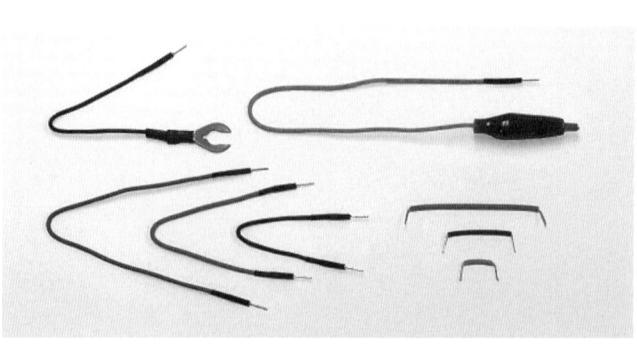

図 1.2　ジャンプワイヤのいろいろ

ブレッドボードは精巧にできていますので，次の点に注意して取り扱いましょう。

① 適合線径は，単線で0.3〜0.8mmです。これより太すぎても細すぎても，トラブルの元になります。ジャンプワイヤーは市販品を使用するとよいでしょう。

② ICソケットを使用する場合には，なるべく"すべり"のよい丸ピンのものを使用して下さい。本書ではICソケットを使用せず，ICを直接ブレッドボードに差し込んでいます。

③ 発熱しやすいICは，ボードに直接差さずに，ICソケットを使用します。

④ ボードは直接日光を避け，油・水などを表面に付けることは禁物です。

⑤ ボードの穴にリード線の切りくずなどが入らないように注意しましょう。

　ブレッドボードの内部端子は図1.3(a)のようになっていて，ここに抵抗やICなどの電子部品やジャンプワイヤーを差し込んで電子回路を作っていきます。内部端子がつながっている方向によって，AブロックとBブロックに分かれています。

　Aブロックは，横方向にショート※された構造で，2段あります。それぞれ＋，－の電源ライン※として使用されます。

　Bブロックは，中央の溝をまたいでICを取り付けます。このBブロックは，縦方向がショート状態になっているので，縦方向に抵抗やコンデンサなどの部品を取り付けることはできません。

　AブロックとBブロックの使用例を図1.3（b）に示します。

※ ショート：電気的に接続された状態。
※ 本書では，上側の赤いラインを＋，下側の水色のラインを－に接続します。

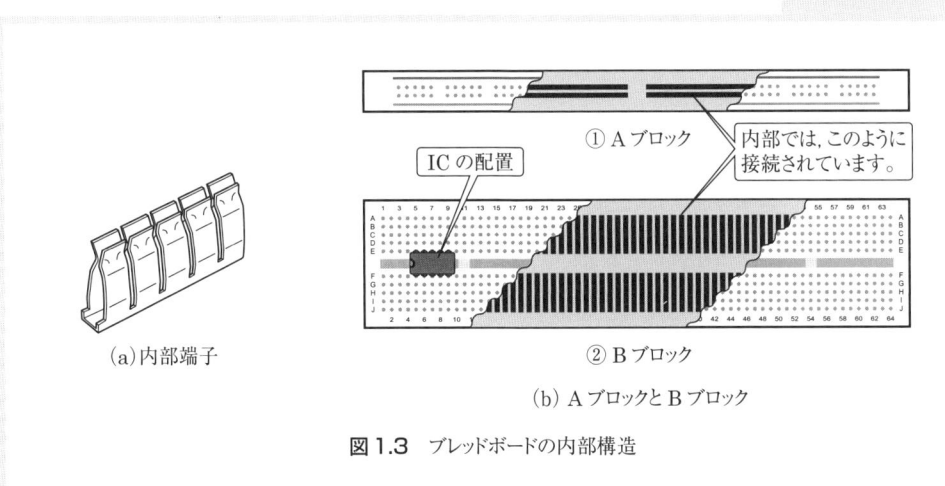

(a) 内部端子　　（b) AブロックとBブロック

図1.3　ブレッドボードの内部構造

1.1 本書で使用するブレッドボード

本書ではサンハヤト（株）のブレッドボード「SRH-32」を使用して解説しています。製作編の最後にある「電子アンケート集計器」では，「SRH-53」を使用しました。この他にジャンプワイヤーを多く使いますので，「SKS-350」または「SKS-390」のセットがあると良いでしょう。使用する電子部品については，製作する回路図のところに部品表が記載してあります。

(1) ブレッドボード SRH-32
外観を図1.4(a)に示します。SRH-32の他にも，大小さまざまなボードサイズのものが発売されています。

(2) ジャンプワイヤーのセット SKS-350，SKS-390
回路が複雑になると，必要なジャンプワイヤーも多くなります。接続する長さに合わせたジャンプワイヤーを使うと，配線がすっきりして接続ミスを減らすことができます。本書では図1.4(b)のジャンプワイヤーセット（SKS-390）を使用しています。

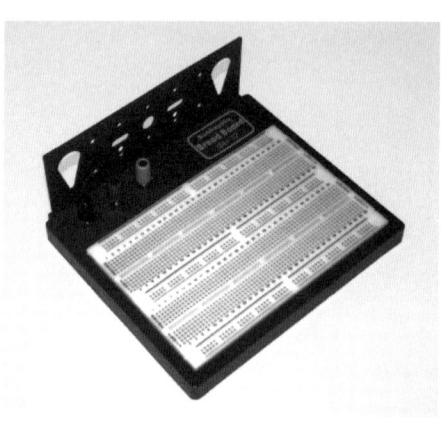
(a) ブレッドボード(SRH-32)

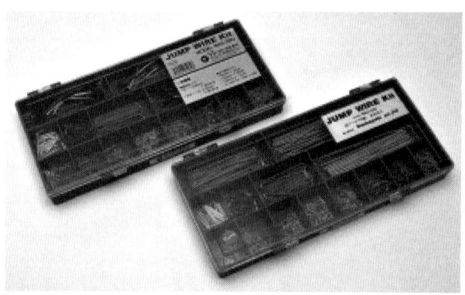
(b) ジャンプワイヤーのセット(左：SKS-390，右：SKS-350)

図1.4 ブレッドボードとジャンプワイヤーのセット

2. おもな電子部品について

アナログ回路やデジタル回路で，よく利用する電子部品について解説します。

2.1 抵抗

抵抗の値は Ω（オーム）という単位で表されます。この単位を 1000 倍した kΩ（キロ）や，kΩ をさらに 1000 倍した MΩ（メガ）という単位※も使われます。

※ 詳しくは，p.8 の表 2.2 の接頭語を参照。

また，抵抗器を使うときの電力によって電力容量が決められています。本書ではおもに 1/4 W（ワット）のものを使用しています。

(1) 固定抵抗器

普通，単に「抵抗」というと「固定抵抗器」のことを指します。図 2.1 に固定抵抗器の外観と電気図記号※を示します。

※ この図記号を使って，電子回路を表します。

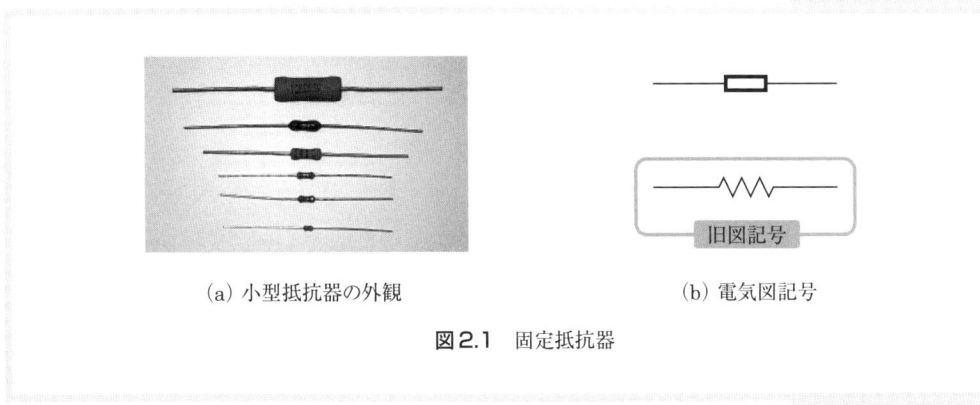

(a) 小型抵抗器の外観　　　(b) 電気図記号

図2.1　固定抵抗器

パーツ屋さんで抵抗を買う時，よく使う小さな抵抗には，表面に 1 kΩ とか，10 kΩ とかの抵抗値が記載されていません。色の縞模様が付けられているだけです。この縞模様は，**カラーコード**※と呼ばれ，国際的に決められているものです。色と数値が図 2.2 のように対応しており，抵抗の端とカラーコードの間隔が狭い方が第 1 数字になります。

※ 色符号とも呼びます。

例えば，図 2.2 の例のように，［茶・黒・赤・銀］と表記されていた

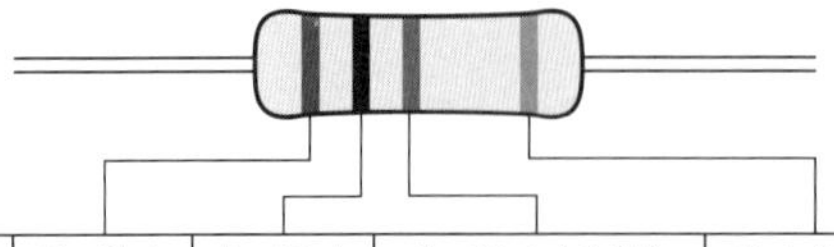

色	第1数字	第2数字	第3数字（乗数）	許容差〔％〕
黒	0	0	$10^0=1$	
茶	1	1	$10^1=10$	±1
赤	2	2	$10^2=100$	±2
橙	3	3	$10^3=1000$	
黄	4	4	$10^4=10000$	
緑	5	5	$10^5=100000$	
青	6	6	$10^6=1000000$	
紫	7	7	$10^7=10000000$	
灰	8	8	$10^8=100000000$	
白	9	9	$10^9=1000000000$	
金	−	−	$10^{-1}=0.1$	±5
銀	−	−	$10^{-2}=0.01$	±10
無着色	−	−	――	±20

(a) カラーコード

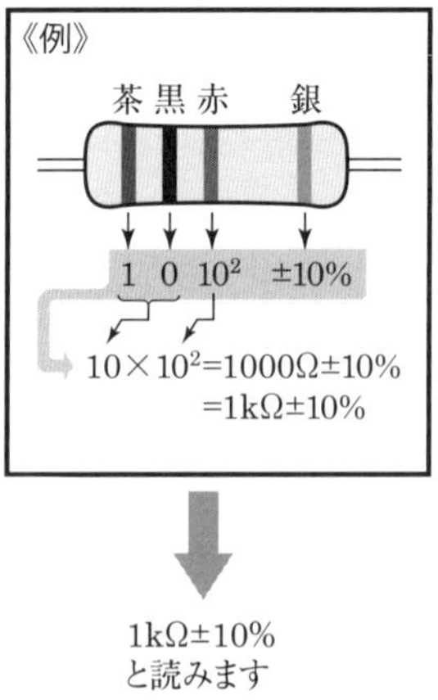

《例》
茶 黒 赤　銀
1　0　10^2　±10％
$10×10^2=1000Ω±10\%$
　　　　　$=1kΩ±10\%$

$1kΩ±10\%$
と読みます

(b) 抵抗値の例

図2.2　抵抗のカラーコード

とします。左側から読んでいくと，「1」，「0」，「10^2」，「±10％」となります。この数値を左側から並べると，

$$(10×10^2Ω)±10\% \Rightarrow 1000Ω±10\% \Rightarrow 1kΩ±10\%$$

の抵抗値となります。精度が±10％なので，この抵抗は1.1kΩ〜900Ω（＝1kΩ＋10％〜1kΩ−10％）の範囲にあるという意味です。

《カラー・コード》の覚え方

色と数字の対応を簡単に覚えられる方法があります。"ゴロ合わせ"という方法です。覚え方の一覧を表2.1に示します。自分なりの独自のゴロ合わせを考えても良いでしょう。

表2.1　カラーコードの覚え方

番号	色	覚え言葉
0	黒	黒い礼服
1	茶	小林一茶
2	赤	赤いニンジン
3	橙	ミカンはダイダイ
4	黄	四季（黄）の色
5	緑	みどり児（嬰児のこと）
6	青	青い陸奥湾
7	紫	紫式部
8	灰	ハイヤー
9	白	ホワイト・クリスマス

精密な抵抗値を必要とする場合には，精度の高い抵抗を使います。±1％のものが入手可能です。

(2) 可変抵抗器

可変抵抗器は，抵抗値を変化させることができる抵抗で，バリオーム※あるいは**ボリューム**※と呼ばれています。正式名称は，バリアブル・レジスタあるいは**ポテンショメータ**です。一般的な可変抵抗器の電気図記号と外観を図2.3に示します。

※ バリアブル・オーム
※ ボリューム・コントロール

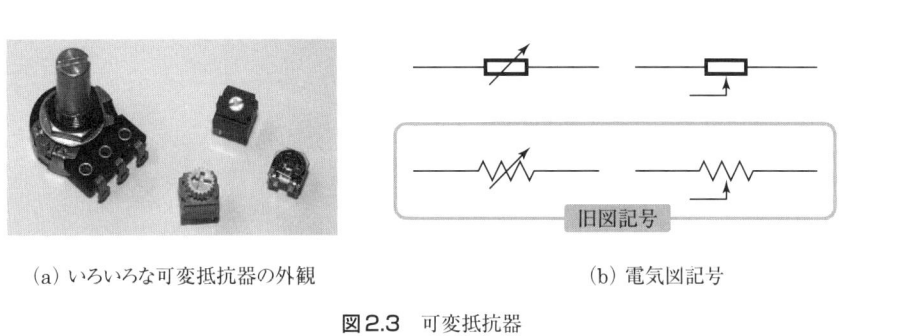

(a) いろいろな可変抵抗器の外観　　　(b) 電気図記号

図2.3　可変抵抗器

可変抵抗器には，長い軸（シャフト）がついていて，シャフトにツマミを取り付けて回転させます。また，短いシャフトかドライバーの先しかかからないようになっている**半固定抵抗器**※というのもあります。

可変抵抗器や半固定抵抗器は，回転につれて変化する抵抗値が種類によって異なっています。A型，B型，C型の3種類あり，その変化特性は図2.4のとおりです。

※ いったん抵抗値を設定したら，頻繁には変更をしないようなときに使用するので，調整用に向いています。

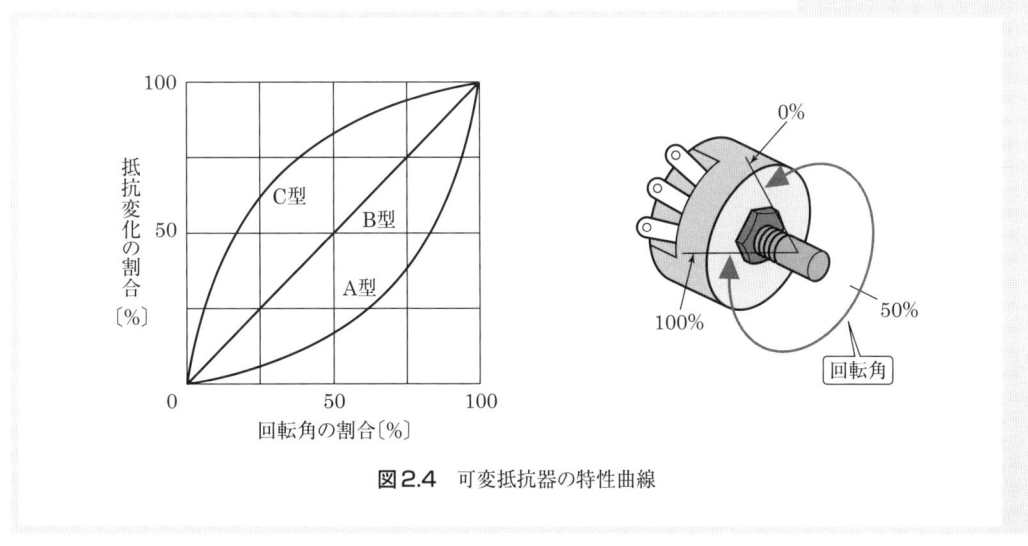

図2.4　可変抵抗器の特性曲線

A型は対数変化特性といわれ，あるところまでは徐々に抵抗値が変化し，あるところ（約70％あたり）から急に抵抗値の変化量が大きくなるタイプです。C型はこの変化が逆になったもので，あるところまでは大きく変化し，その後は徐々に変化していきます。B型は直線（リニア）的に変化し，可変抵抗器や半固定抵抗器の回転角度に比例して抵抗値が変化していきます。

　人間の耳の感度特性がA型のカーブに似ているので，テレビやラジオなどの音量調整用ボリュームはこのA型が使われています。B型は電圧調整など細かく微調整するような場合に使用されます。またC型は少し特殊な回路や計測器などに使用されます。本書で製作する回路は使いやすいB型に統一しています。

　可変抵抗器は回転式とは限りません。オーディオ関係でよく使われているスライド式可変抵抗器も同じ仲間です。回転運動のかわりに，直線運動で抵抗値を変化させています．

大きな数値・小さな数値の表し方

　抵抗の説明で，大きな数値を表すkやMが出てきました。これは**接頭語**というもので，大きな数値や小さな数値を表すのに便利な記号です。表2.2に接頭語の一覧を示します。

表2.2　接頭語

記号	読み方	意味
T	テラ	10^{12}（= 1000000000000）
G	ギガ	10^{9}（= 1000000000）
M	メガ	10^{6}（= 1000000）
k	キロ	10^{3}（= 1000）
h	ヘクト	10^{2}（= 100）
da	デカ	10
d	デシ	10^{-1}（= 0.1）
c	センチ	10^{-2}（= 0.01）
m	ミリ	10^{-3}（= 0.001）
μ	マイクロ	10^{-6}（= 0.000001）
n	ナノ	10^{-9}（= 0.000000001）
p	ピコ	10^{-12}（= 0.000000000001）

2.2 コンデンサ

コンデンサの値は F（ファラド）という単位で表されます。この単位は非常に大きいので μF（= 10^{-6}〔F〕）や pF（= 10^{-12}〔F〕）という小さな容量の部品を使用します。ちなみに，コンデンサの基本単位である F に対して，

$$1〔\mu F〕= 10^{-6}〔F〕= 0.000001〔F〕$$
$$1〔pF〕= 10^{-12}〔F〕= 0.000000000001〔F〕$$

の意味になります。

電解コンデンサの場合は，コンデンサの記号中に斜線が入っているものもあります。このコンデンサには，容量値のほかに **WV**（**ワーキング・ボルト**）といった表示が付けられています。この値は常時使用可能な動作電圧値を示すもので，回路電圧値に適した値が使用されます。また，この電解コンデンサは，極性（⊕と⊖）があるので注意します。極性を間違えて接続すると，部品を破損してしまうこともあります。

(1) 固定コンデンサ

抵抗の場合と同じように，単に「コンデンサ」というと「固定コンデンサ」のことを指します。コンデンサの外観と電気図記号を図 2.5 に示します。

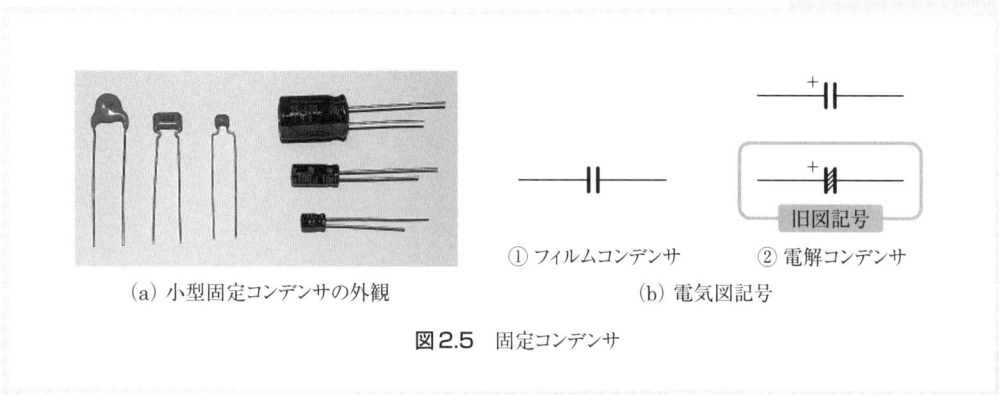

(a) 小型固定コンデンサの外観　　　(b) 電気図記号

① フィルムコンデンサ　　② 電解コンデンサ

図 2.5　固定コンデンサ

コンデンサも小型のものは実際の容量を表示することが難しいので，数字列で表示されています。図 2.6 に読み方の例を示します

マイラ・コンデンサの例ですが，上部に 103K，下部に 50 の表示があったとします。103 は $10 \times 10^3 \text{pF}$※という意味です。これは 10^4pF（= 10 000 pF）と同じ値ですので，pF では表示値が大きすぎますね。そこで，μF の単位を使って，

※ すべて pF の単位を表しています。

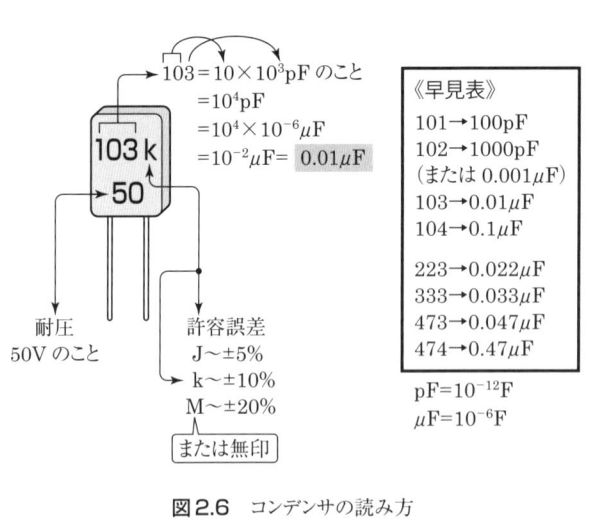

図2.6 コンデンサの読み方

$$10\,000\,[\text{pF}] = \frac{10\,000}{1\,000\,000}[\mu\text{F}] = 0.01\,[\mu\text{F}]$$

と表します。お店では $0.01\,\mu\text{F}$ のコンデンサには，103 と表示されています。「1 万ピコ・ファラドのコンデンサ」といっても通じませんので，注意しましょう。いずれにしても，p や μ の記号が付くと，小さな容量になるのです。

数字のとなりにある英字は許容精度の記号です。K は±10％を意味するので，103K のコンデンサは，容量値が $0.011\,\mu\text{F}\sim0.009\,\mu\text{F}$ の範囲にあるコンデンサになります。

次に下部の数字は耐電圧のことで，直流耐電圧 50V という意味です。

(2) 可変コンデンサ

本書の製作では使用していませんが，容量を変化させることのできるコンデンサもあります。普通，バリコン※と呼ばれていて，半固定のも

※ バリアブル・コンデンサ

(a) 可変コンデンサの外観　　　　(b) 電気図記号

図2.7 可変コンデンサ（バリコン）

のはトリマ・コンデンサと呼んでいます。小型ラジオの選局などによく使用されているのがポリバリコンです。図2.7にバリコンの電気図記号と外観を示します。

2.3 ダイオード

ダイオードは**アノード**（A：陽極）にプラス，**カソード**（K：陰極）にマイナスの電気が与えられると導通状態になり，反対の極性が与えられると不導通状態となります。導通したりしなかったりするので，半導体と呼ばれています。図2.8にダイオードの外観と電気図記号を示します。

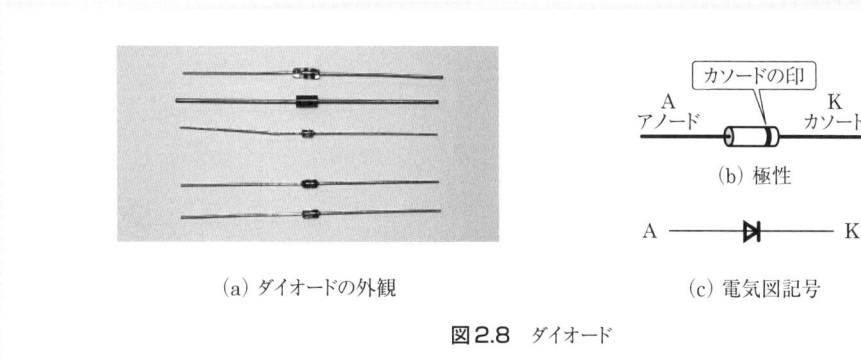

(a) ダイオードの外観　　　　(c) 電気図記号

図2.8　ダイオード

(1) ゲルマニウム・ダイオードとシリコン・ダイオード

ゲルマニウム・ダイオードは，本書の製作では使用していませんが，ゲルマニウム（N型［アノード］素子）にP型素子となる白金イリジウムの金属針を当てた，点接触形の構造をしています。

シリコン・ダイオードは，シリコンに微量のひ素などを入れたN型素子にP型の不純物（ホウ素など）をしみこませたものを細かく切って作ったものです。

導通したときにアノードとカソード間に発生する電圧を**順方向降下電圧**といいます。ゲルマニウム・ダイオードは構造的にうまくできており，この順方向降下電圧が0.2V程度と小さく，鉱石ラジオの検波器（電波を音声信号に変える）などに使われます（図2.9(a)）。ただし，大きな電流に耐えられないので，そのときにはシリコン・ダイオードが使われます（図2.9(b)）。本書の製作では，このシリコン・ダイオードを使っています。

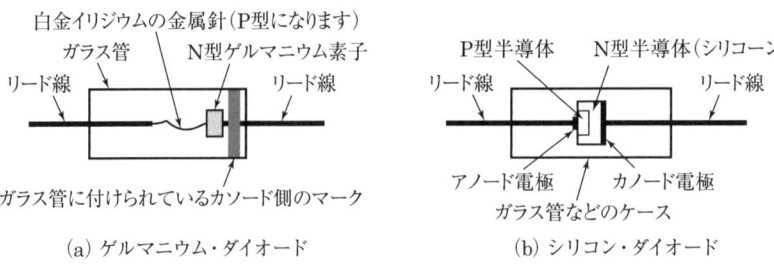

図2.9　ダイオードの構造

　シリコン・ダイオードの順方向降下電圧は0.7V程度で、ゲルマニウム・ダイオードより高いので、ラジオの検波用には向いていません。電源の整流回路、電源のレベル・ダウン回路やリレー逆起電力消去用などに使われます。

(2)　ツェナー・ダイオード

　ダイオードに逆方向の電圧をかけても不導通の状態ですが、ある電圧値で急激に逆方向の電流が流れ出します。これを**ツェナー効果**といい、この電圧値を**ツェナー電圧**といいます。この効果を利用するものをツェナー・ダイオードと呼んでいます。ツェナー電圧は一定の電圧値を生じるので、ツェナー・ダイオードは別名「**定電圧ダイオード**」とも呼ばれています。

　ツェナー・ダイオードの電気図記号を図2.10(a)に、ツェナー効果の特性図を図2.10(b)に示します。

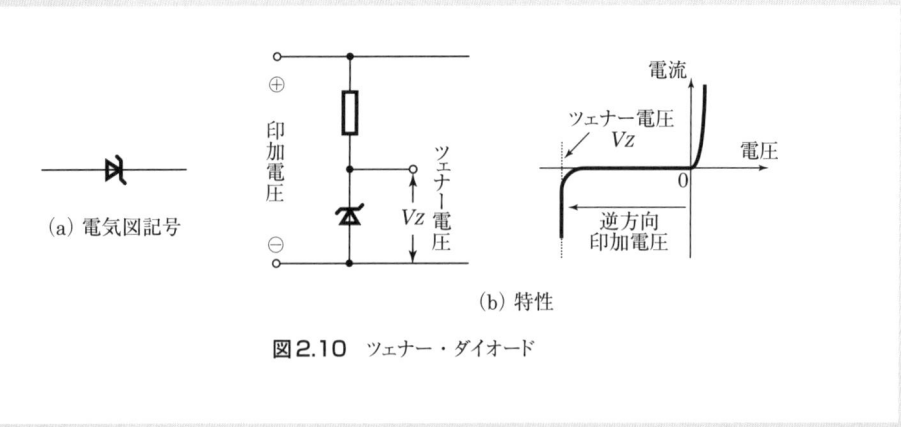

図2.10　ツェナー・ダイオード

(3) LED

LED※は，シリコンにリンやカリウム，ひ素などをしみ込ませて作った"光るダイオード"で，**発光ダイオード**ともいわれる有名なパーツです。発熱も少なく寿命が長いので，いろいろな表示器として使われています。標準的な LED は，**順方向降下電圧**が 2V 程度になっています。図 2.11 に LED の外観と電気図記号を示します。

LED は，アノード（A：陽極）にプラス，カソード（K：陰極）にマイナスの電極を与えたときに発光します。約 10 〜 20 mA の回路電流で，ハッキリとした光を出します。

※ ライト・エミッティング・ダイオード。

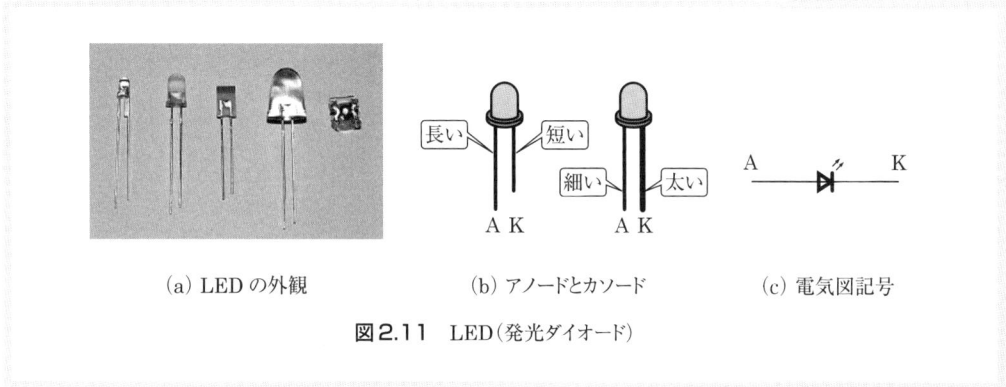

(a) LED の外観　　(b) アノードとカソード　　(c) 電気図記号

図2.11　LED（発光ダイオード）

図 2.12 は LED の発光基本回路結線図です。この回路には，LED に流れる電流を調整するために抵抗が入っています。この抵抗を**制限抵抗**※といい，次のように制限抵抗値を求めます。

※ 電流制限抵抗ともいいます。

$$制限抵抗\ R\ [\Omega] = \frac{電源電圧\ [V] - 順方向降下電圧\ [V]}{LED に流す電流\ [A]}$$

ここで，電源電圧を 6 V，順方向降下電圧を 2 V，LED に流す電流を 20 mA（= 20 × 0.001 [A]）とすると，

$$R = \frac{6 - 2}{20 \times 0.001} = 200\ \Omega$$

となり，制限抵抗を 200 Ω として求めることができます。

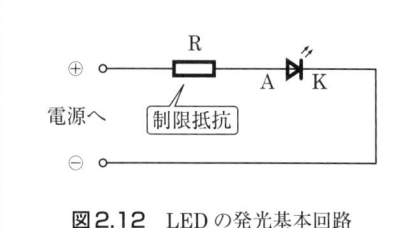

図2.12　LED の発光基本回路

2.4 トランジスタ

トランジスタの外観と電気図記号を図2.13に示します。

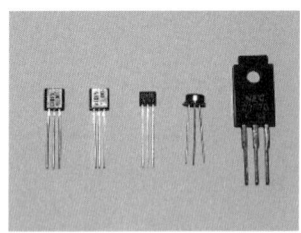
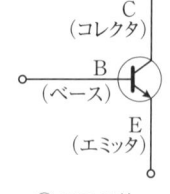
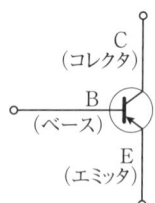

(a) トランジスタの外観　　　　(b) 電気図記号

① NPN型　　　② PNP型

図2.13　トランジスタ

(1) NPN型トランジスタ（2SC1815Y）

この2SC1815Yは電子工作で一番よく使われるトランジスタで，N型・P型・N型半導体の3層でできています。「2SC」はNPN型のトランジスタを意味し，構造は図2.14(a)のようになっています。このトランジスタを動作させるためには，ベース（B）とコレクタ（C）にプラス電位を，エミッタ（E）にマイナス電位を与えます。

(2) PNP形トランジスタ（2SA1015Y）

このトランジスタは2SC1815Yと組み合わせてよく使用されるもので，P型・N型・P型半導体の3層でできています。この構造図を図2.14(b)に示します。このトランジスタを動作させるときには，ベース（B）とコレクタ（C）にマイナス電位，エミッタ（E）にプラス電位となります。NPN型とは異なり，与える電位が違いますので気をつけてください。

(3) トランジスタ型名の最後に付いているYの文字の意味

一般的に使われている2SC1815と2SA1015のトランジスタには，"Y"の文字が付いています。この文字はトランジスタ特性の中での**直流増幅率**（h_{fe}）のランクを示しています。この値が高いほど感度が高いといえます（倍率と思ってください）。つまり，小さな直流電流で大きな出力電流が得られるわけです。

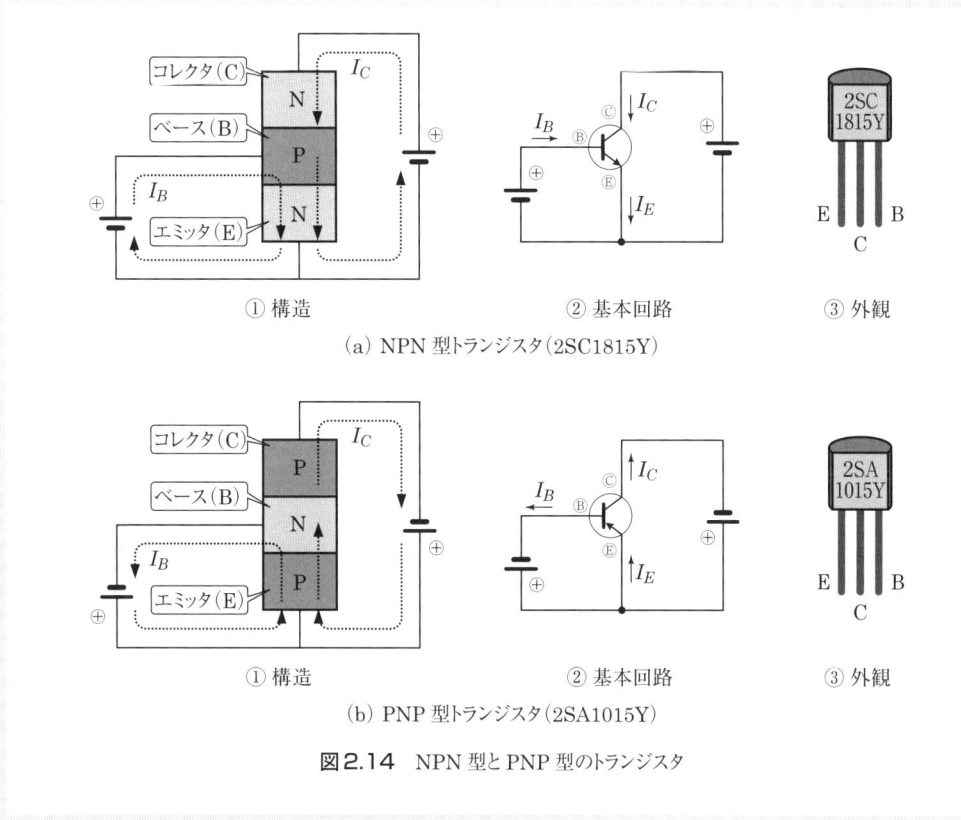

図2.14 NPN型とPNP型のトランジスタ

Yのランクをデータシートなどで調べると120〜240倍の値が示されています。最低でも120倍ありますから、0.1mAの電流入力（ベースに与える）で、120倍の12mAの出力（コレクタに流れる）が得られる計算になります。もちろん、このh_{fe}値が高いほど、価格も高くなります。メーカーで選別されてランク付けし出荷されているのです。

2SC1815Yと2SA1015Yの入手について

「2SC1815Y」と「2SA1015Y」は、製造メーカーが生産終了予定と発表されています（2012年12月現在）。しかし、電子工作でよく使用するトランジスタなので、すぐに店頭在庫が売り切れてしまうことはないでしょう。入手が困難な場合は、相当品（メーカーや型番が異なるが、性能や外形が同じもの）で代用が可能です。相当品の例として、2SC1815は「KTC3198」など、2SA1015は「KTA1266」などがあります。詳しくは販売店に聞いてみましょう。なお、性能が同じでも外形が異なる部品があります。ブレッドボードで使用するために、図2.14③のような半円柱形でピン足が3本出ているもの（「TO-92」タイプ）を選びましょう。

3. 回路図について

回路図には，いくつか習慣的な扱いがあるので，覚えておくとよいでしょう。

(1) 単位が省略されることがある

抵抗値やコンデンサの容量などの単位を省略することがあります。例えば100Ωを100，1kΩを1kと表示して，単位のΩを略します。また，コンデンサの場合も0.1μFを，単に0.1とだけ表示しても間違いではありません。

(2) 部品番号と部品リストの表記法

部品番号の頭文字は，部品の種類が理解できるようなアルファベット（英文字）を使用するのが普通です。例えば抵抗なら"R"，コンデンサなら"C"，トランスなら"T"となります。

(3) 回路は左側から右側に信号の流れに沿って描かれる

信号が入ってくる入力部を左側，信号が出ていく出力部を右側に配置して回路を描くのが普通です。回路によっては，上下に分かれたりして，見やすく配置される場合があります。

(4) IC の回路表示について

抵抗，コンデンサ，ダイオード，トランジスタなどは，電気図記号で示されますが，IC は内部回路が複雑なので，ただの長方形の箱に接続用の足ピン番号だけで示されます。この足ピン番号の順序は，実際の足の順番と一致していないので注意しましょう。回路図中で，何の部品がIC の何番ピンに接続されるかを示しているわけです。その表記の一例を図3.1に示します。人気のある8ピンの足を持つタイマIC「555」の例です。

また，IC は多くの足を持っています。足ピンの番号をどこから読み始めて良いのかが問題です。IC を横長に見て，左側に欠き取りやへこみ印があるように置きます。その時，左下が①番ピンになり，そこから右回りに数えていきます。図3.2にその例を示します。

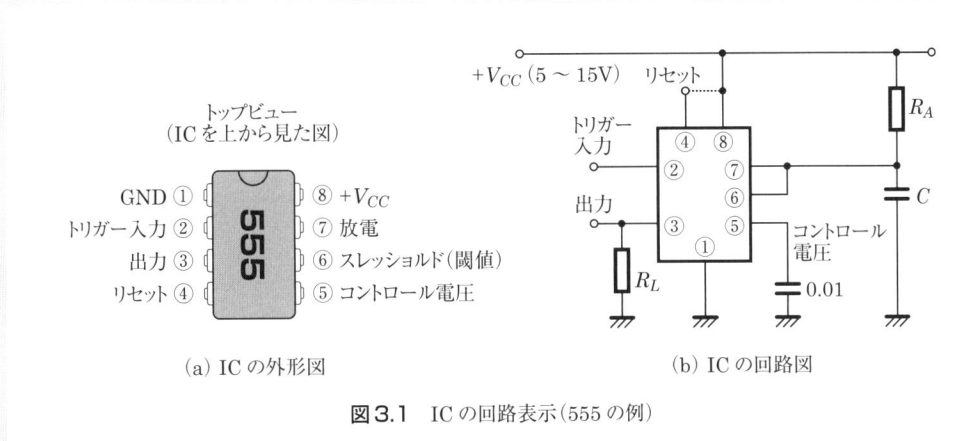

図 3.1　IC の回路表示 (555 の例)

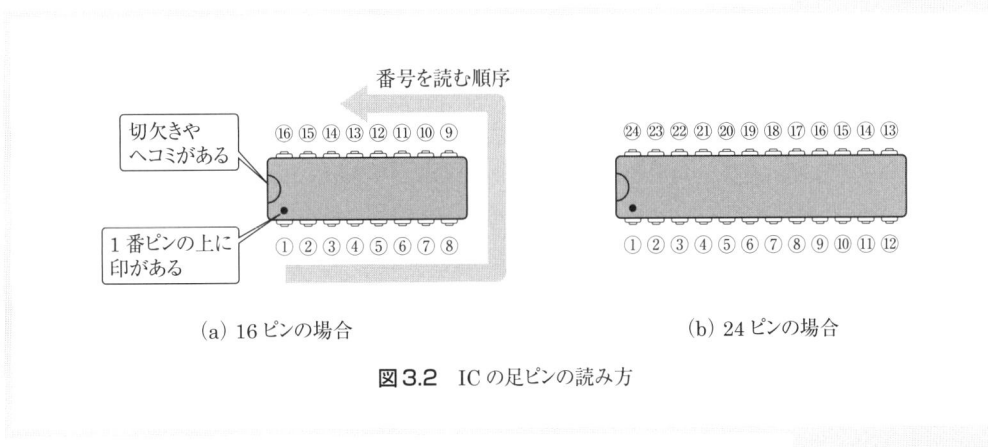

図 3.2　IC の足ピンの読み方

4. 本書で使用するアナログ IC の基礎

本書の製作で使用されている，アナログ IC アンプの「LM386」，タイマ IC の「555」，比較器（コンパレータ）の「LM339」について説明します。

4.1 IC アンプ「LM386」

LM386 は低電圧オーディオパワー増幅器 IC とも呼ばれています。低い電源電圧で動作でき，消費電流も少ないので人気があります。6V 電源を使用した場合の消費電力は，わずか 24 mW なので，乾電池を使用した回路にも最適です。電源はタイプによって，4 V 〜 12 V または 5 V 〜 18V と広い供給電圧範囲を持っています。外観は 8 ピンのミニ・タイプです。

特徴としては，外部に接続する部品が少ないことで，応用回路は AM-FM ラジオ増幅器，ポータブル・テーププレーヤなどの増幅器，インターホン，テレビ音声システム…など，いろいろあげられます。

図 4.1(a) に LM386 の外形図を示します。また，図 4.1(b) に応用回路を示します。

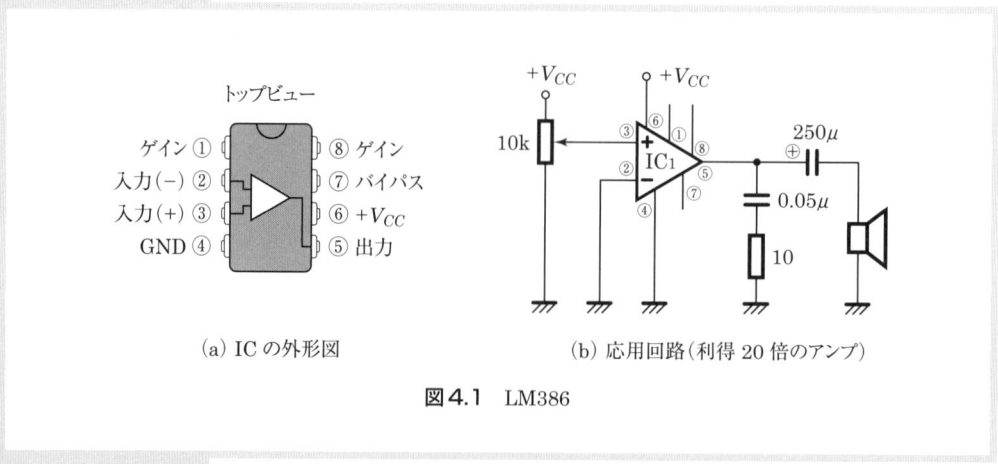

(a) IC の外形図　　　(b) 応用回路（利得 20 倍のアンプ）

図 4.1　LM386

4.2 タイマIC「555」

　現在，一番の売れっ子的存在のICです。通称"ゴー・ゴー・ゴー"と呼ばれるもので，発振器や精度の高い時間信号発生器として使用できます。このICも国内外の様々なメーカーから発売されている大変安価なICです。図4.2(a)に"555"の外形図を示します。

　555は本来タイミング発生用として設計されたもので，非常に高い安定性を持ったICです。タイミングのスタート（トリガ機能）や，タイミングの解除（リセット機能）ができる入力端子を備えています。

　時間遅延用に使用する場合の時間設定は，1個の抵抗と，1個のコンデンサで正確に行なえます。フリー・ランニング※発振器としても安定した動作を行ない，周波数とデューティ・サイクル※は，2個の外付け抵抗と1個のコンデンサにより，正確に設定することができます。

　なお出力部は最大0.2Aの電流容量を持ち，小型のリレーなどを負荷として直結可能です。また発振周波数は，最高200kHzを出力可能です。

　ここで，555を使用した基本回路について説明しましょう。タイマICとしての使い方を理解することができます。

※ フリー・ランニング：自走型・連続信号発生型。
※ デューティ・サイクル：1サイクルにおける出力が発生する期間の割合

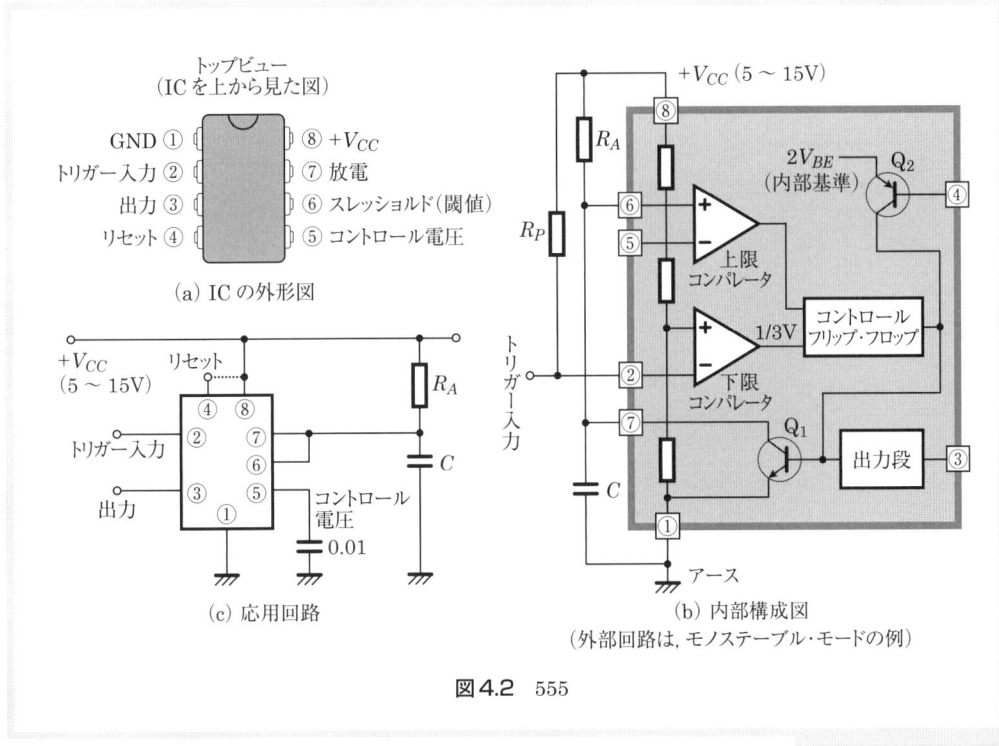

図4.2　555

(1) モノステーブル・モード

別名ワンショット・マルチバイブレータ（単安定発振器）と呼ばれる動作回路で，図4.3(a)の回路構成で得ることができます。図4.2(b)において，回路が待機状態のときには，トランジスタ Q_1 が ON（導通）状態になるように，フリップフロップ回路※が動作しています。

したがって，タイミング用コンデンサ C がアースにショートされることがわかります。出力ピン③も同様にアース・レベルを示します。

IC の内部で構成している $5\,\mathrm{k\Omega}$ の電圧分割回路は，コンパレータ※の基準電圧発生源として使用されるものです。電圧 $2/3\,V$ はアッパー・コンパレータの基準電圧として，また電圧 $1/3\,V$ はロアー・コンパレータの基準電圧として用いられます。

アッパー・コンパレータの変化する入力は，コンデンサ C の徐々に上がる電圧です。またロア・コンパレータの入力は，トリガ電圧です。

※ セットとリセットの入力によって，出力に信号を発生するもの。

※ 比較器

※ アッパー・コンパレータ／ロアー・コンパレータ：上限・下限のレベルを見る回路

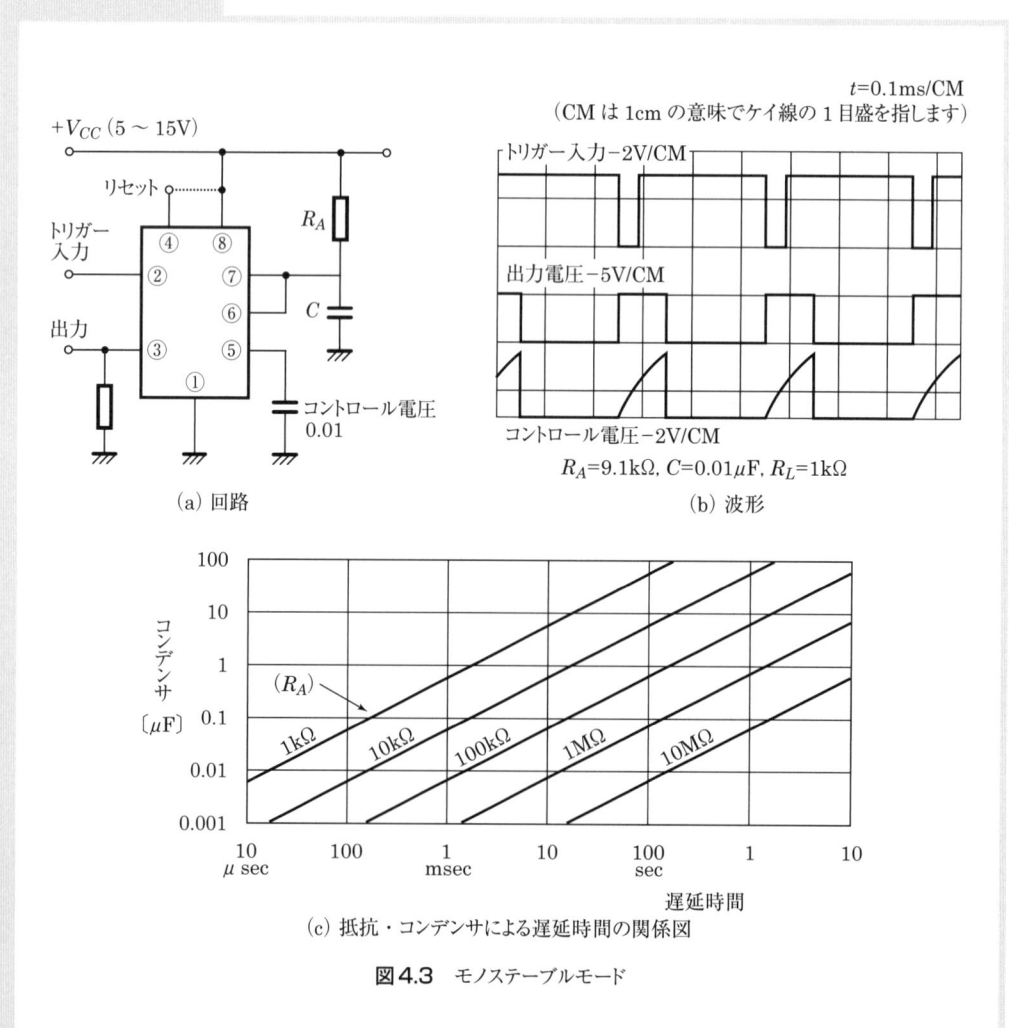

(a) 回路　　(b) 波形

(c) 抵抗・コンデンサによる遅延時間の関係図

図4.3 モノステーブルモード

このトリガ電圧は，負性※を使用します。通常はプルアップ（＋電位に吊り上げるもの）抵抗の外付け抵抗で，電源電圧（＋で電源電圧の1/3以上）が端子ピン②に印加されています。

次にこの端子ピン②をアース・レベルに落したとします。ロアー・コンパレータが動作をすると同時に，フリップフロップ回路をセット状態にします。フリップフロップ回路が待機のときとは逆の状態になるので，トランジスタ Q_1 は OFF（動作しない状態）になり，コンデンサが充電開始と同時に，出力ピン③に $+V_{CC}$ に近いハイ・レベルの出力電圧が発生します。コンデンサは外付け抵抗との時定数※変化にしたがって，指数関数的に $+V_{CC}$ に向って，充電電圧上昇を行ないます。この時定数は，

$$t = R_A \cdot C$$

となります。

※ ＋側からアース・レベルに変化するもの。信号の立ち下がりともいう。

※ コンデンサと抵抗の組み合わせによる時間的電圧変化の関数

ところでコンデンサ C の充電電圧が，IC の供給電圧 $+V_{CC} 2/3$ と等しい電圧になると，アッパー・コンパレータが動作を行ない，フリップフロップ回路をリセット状態にして，待機状態にしてしまいます。したがって出力ピン③はアース・レベルになるとともに，トランジスタ Q_1 も動作を開始して，コンデンサ C をふたたび放電状態にします。モノステーブル・マルチバイブレータ・モードのときの回路で，動作時の出力波形は図 4.3(b) です。

一度トリガ（スタート状態）されると，たとえ時間設定期間中に再トリガを与えても，設定期間の時間が経過するまで，出力の ON 状態を保ち続けます。このときの出力となる設定期間は，非常に高安定です。このときのタイミング時間（t）は，

$$t = 1.1 \cdot R \cdot C$$

の式で求められ，また図 4.3(c) によっても簡単にこの値を求めることができます。

では次に，リセット機能について説明しましょう。IC 端子ピン④がリセット端子です。この端子ピン④をローレベルに落とすと，トランジスタ Q_2 が動作し，フリップフロップ回路がリセット状態と同じになり，トランジスタ Q_1 を OFF 状態にし，出力は出さないことになります。

もし，このリセット端子を使用しないときには，外来ノイズを避けるため，端子ピン④を電源 $+V_{CC}$ に接続しておく必要があります。

またアッパー・コンパレータのスレッショルド（閾値）電圧は，端子ピン⑤を使って作ります。何も制御の必要がなければ，端子ピン⑤とアース間にノイズ防止用のコンデンサ（0.01 μF）を接続しておきます。

(2) アステーブル・モード

フリーランニング・マルチバイブレータと呼ばれるものですが，普通のパルス発生器にほかなりません．図4.4(a)に示される回路構成で得られます．タイミング用の抵抗は2つに分割した形で，放電トランジスタ（端子ピン⑦）に接続されます．

発振器が動作を開始した時点では，コンデンサCの充電が，供給電圧の$+V_{CC}$に向って，抵抗R_Aと抵抗R_Bを通じて行われます．コンデンサCの充電電圧値が，$+V_{CC}2/3$レベルになるとき，アッパー・コンパレータが出力信号を発生します．それから，コンデンサCは抵抗R_Bを通して，アース電位に向って放電を開始します．放電電圧値が$+V_{CC}$の$1/3$になったとき，ロアー・コンパレータが出力信号を発生し，ふたたび次の充電サイクルが行われるという仕組です．

コンデンサCは充電と放電を$+2/3 \cdot V_{CC}$と$+1/3 \cdot V_{CC}$の限定間で行なっています．図4.4(b)の波形図で，その様子がわかります．ICタイ

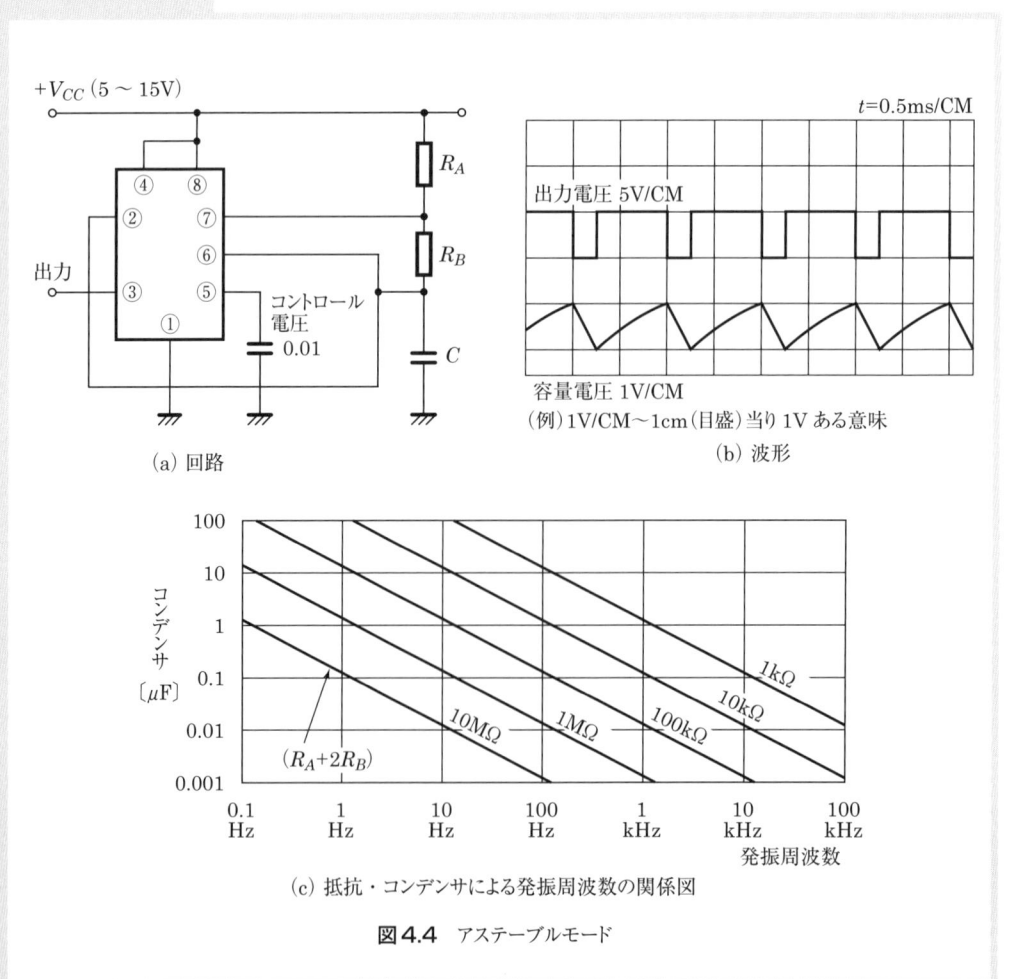

(a) 回路　　(b) 波形

(c) 抵抗・コンデンサによる発振周波数の関係図

図4.4　アステーブルモード

マの出力は，モノステーブル・モードのときと同様に，充電サイクルの間がハイ・レベル，放電サイクル間がロー・レベルなります。

この回路のタイミングの算出は，次式の通りです。

● 充電時間（出力がハイ状態）
$$t_1 = 0.693(R_A + R_B)C$$

● 放電時間（出力がロー状態）
$$t_2 = 0.693(R_B)C$$

● 一周期の時間（T）
$$T = t_1 + t_2 = 0.693(R_A + 2R_B)C$$

● 発振周波数（f）
$$f = \frac{1}{T} = \frac{1.44}{(R_A + 2R_B)C}$$

● デューティ・サイクル（D）
$$D = \frac{R_A}{R_A + 2R_B}$$

また，図4.4(c)を使うことにより，簡単に求めることができます。

4.3 比較器「LM339」

※ 参照電圧ともいいます。

※ コンパレータともいいます。

設定した**基準電圧**※に対して，入力電圧が高いか低いかを調べる時に使用されるのが**比較器**※です。基準電圧を越えた時に出力を得ることが，容易に実現できます。図 4.5(a) に IC の回路ブロック図を示します。図 4.5(b) は簡単な応用回路で，測定入力電圧と基準電圧を比較して，結果を LED に表示する回路です。

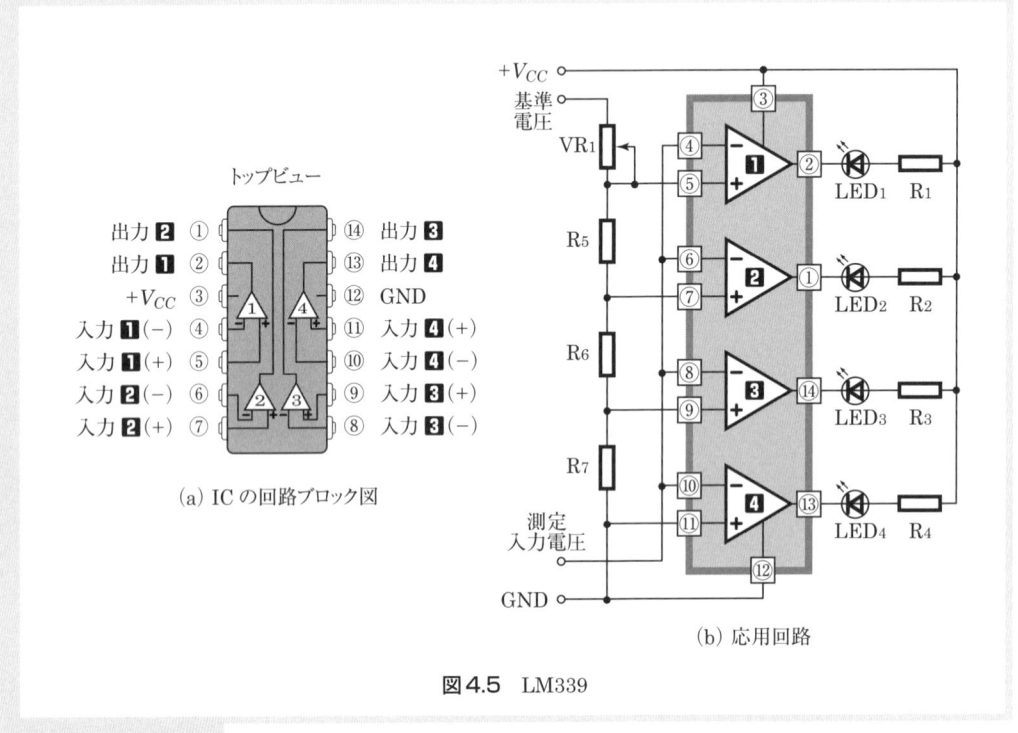

図4.5　LM339

5. デジタル回路の基礎知識

　製作編では，デジタルICを使った回路を多く使用していますので，ここで簡単に基本的なデジタル回路を説明します。

　初めてデジタル回路を見る方は，記号だらけの回路図でとまどってしまうかもしれません。この記号を使って表している回路ブロック（ICなど）の中には，多くのトランジスタやダイオード，抵抗などの要素部品がビッシリつまっているのです。その回路ブロックは，中身が問題ではありません。入力信号と出力信号がどうなっているかが問題で，それによって使い分けられるのです。

　このように，デジタル回路の回路ブロックは，中身は問題にしないという意味で，よく「ブラック・ボックス」と呼んでいます。見えないという解釈もされます。したがって，デジタル回路図は，規則を覚えてしまえば，かえって簡単に読みとることができるのです。簡単な静的回路から，動きのある動的回路といろいろ実験していくことで，あなたはデジタル回路の魅力にひかれることでしょう。

5.1　なぜデジタル

　わたしたちが生活している世界には，よく「**アナログ**」と「**デジタル**」があるといわれています。「アナログ」は，目分量が幅をきかせている世界です。デジタルはこの反対で，ハッキリとした量を扱う世界です。身近なもので例をあげてみましょう。ハカリではどうでしょうか。アナログ式ハカリは，目盛を指針で示されところを読みとります。目盛と目盛の間はどう読みとりますか？　適当な中間値を読みますので，読む人によってはその値が変化します。昔，商店で，量り売りしているところでは，よく中間値を少なく読みとって，オマケしてくれていました。ところで，デジタル式のハカリは，デジタル回路を利用して，計測値が最適な値をピッタリと表示してくれます。誰が読みとっても同じ値です。時計の表示も同じで，キッチリした時刻を教えてくれます。あいまいさが無いのが，デジタル式の良いところなのです。

　また，電話や通信などの信号処理でも，「アナログ式」と「デジタル式」

図5.1　アナログとデジタルのちがい

があります。アナログ式の信号は連続した信号のことをいいます。デジタル信号は，細かく部分的に抽出した信号を並べたもので，不連続な信号の集まりです。

レコードが「アナログ録音」であるのに対して，CDは「デジタル録音」された音をデジタル量に変換したものを焼き付けて製造されています。これを光学的に反射信号でとらえて，無接触で信号処理を行って原音に近い音を再生します。古来からの「アナログ録音」の再生では，レコード盤を針でなぞりながら再生するので，雑音の発生は避けられませんし，使い過ぎると，きれいな音の再生が難しくなります。デジタル方式は構成が複雑になりますが，このような理由により忠実度の高いものが得られるので，時代の主役になったのです。これら，デジタル機器を支えているのがデジタル回路です。ここではデジタル回路の構成部品の基礎を解説します。

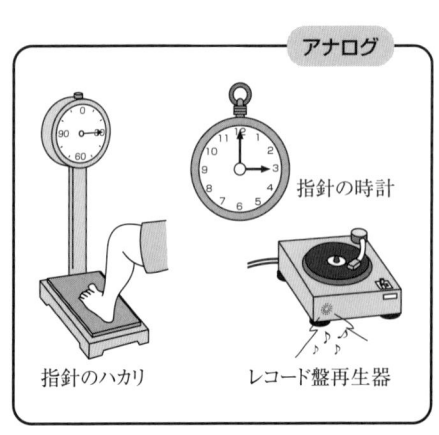

図5.2　アナログ機器とデジタル機器

5.2 CMOS・IC と TTL・IC

本書の製作では，デジタル回路に CMOS と TTL という 2 種類の IC を使用しています。それぞれの特徴を説明します。

(1) CMOS・IC

デジタル回路に使用される IC で，最近よく使用されるものが，この CMOS・IC です。電源電圧範囲が広い（3〜16V 可能）うえ，消費電力も小さいなどいろいろな特徴を持った IC です。CMOS はコンプリメンタリー※MOS 論理回路の略で，MOS はメタル・オキサイド・セミコンダクタ※の意味です。

※ Complimentary（相補形：逆極性のものが，直列に接続されている）
※ 金属電極と酸化膜を持つ半導体。

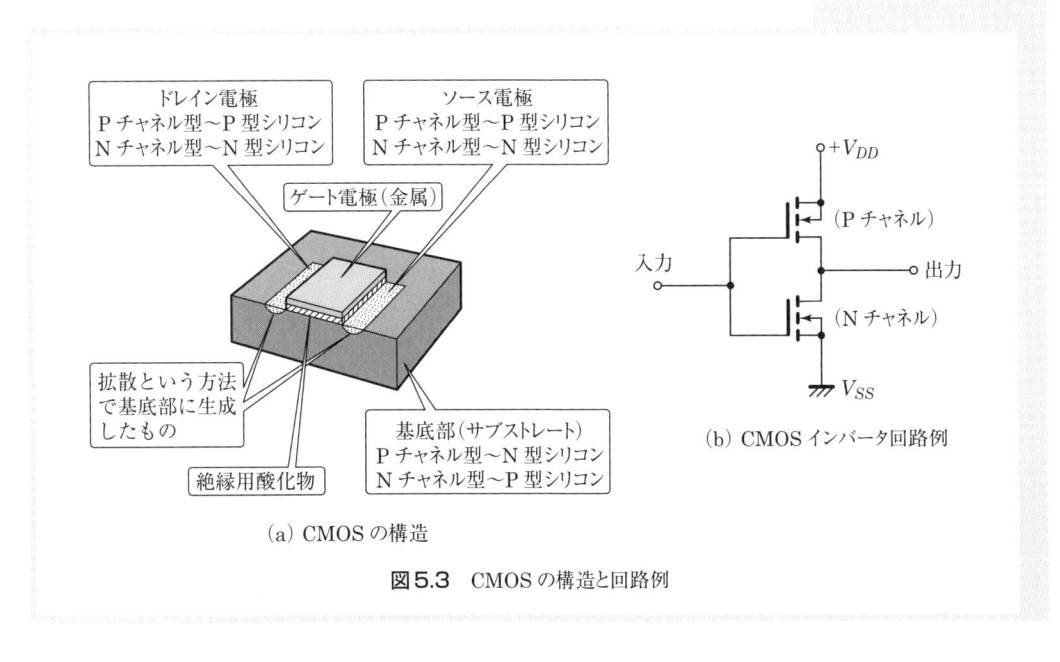

MOS 系の半導体類は，銀紙に包まれていたり，導電性スポンジに差し込んだりして販売されています。すべて静電気から IC を保護するために考えられているのですから，MOS 系の半導体類をハダカのまま，プラスチック製容器などに直接入れることはやめましょう。

CMOS・IC の基本回路例として，入力信号を逆にした出力が得られるインバータ回路を図 5.3(b) に示します。インバータの出力は，P チャネル MOS トランジスタと N チャネル MOS トランジスタが，コンプリメンタリーに接続されていて，入力にしたがってこれらのトランジスタが交互に動作して，それぞれ V_{DD} と V_{SS} のレベルを出力するわけです。

いまインバータの入力に高い電圧を加えると，N チャネル MOS トランジスタは，"ON（導通）"になり，出力とアース間は低い抵抗値と

(a) CMOS の構造

(b) CMOS インバータ回路例

図 5.3 CMOS の構造と回路例

なります。反対にPチャネルMOSトランジスタは，"OFF（しゃ断）"となりますから，供給電圧とV_{DD}間とは非常に高い抵抗値になります。次に入力に低い電圧を加えると，PチャネルMOSトランジスタは"ON"となり出力とV_{DD}間とは低い抵抗値を示し，反対にNチャネルMOSトランジスタは"OFF"となるので，出力とアース間は非常に高抵抗値を示すわけです。

(2) TTL・IC

普通デジタルICとしてよく使用される"74シリーズ"と呼ばれるTTLがあります。ロジックとは，論理という意味で，デジタル回路向けを意味します。トランジスタとトランジスタを組み合わせた回路で論理を作っているので，TTL※と呼んでいます。図5.4に，TTLの一種，ゲート回路の様子を示します。

※ トランジスタ・トランジスタ・ロジック

ここで，TTLとCMOSの電源電圧を比較してみましょう。CMOSは前述のとおり，一般品で3～16Vの範囲で使用できますが，TTL・ICは通常4.75～5.25Vの範囲内で使用されます。したがって，TTL回路を使用する場合には，+5V電源が必要となります。簡易的に，1.5Vの乾電池を4本直列に接続して6Vの電源にします。そこに整流用シリコン・ダイオードを使って順方向降下電圧（0.7V）をうまく使い，6V-0.7V=5.3Vにすると，上限値の5.25Vに大変近くなります。この方法で問題なく使用可能となります。

図5.5に整流用ダイオードを使用した，TTLの電源回路のアイデアを示します。

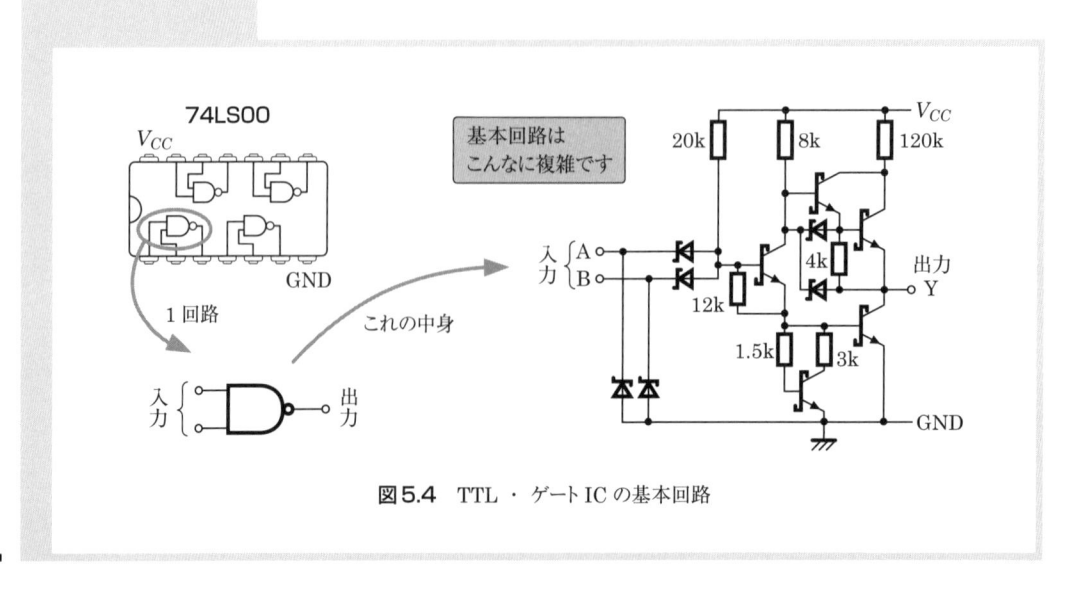

図5.4 TTL・ゲートICの基本回路

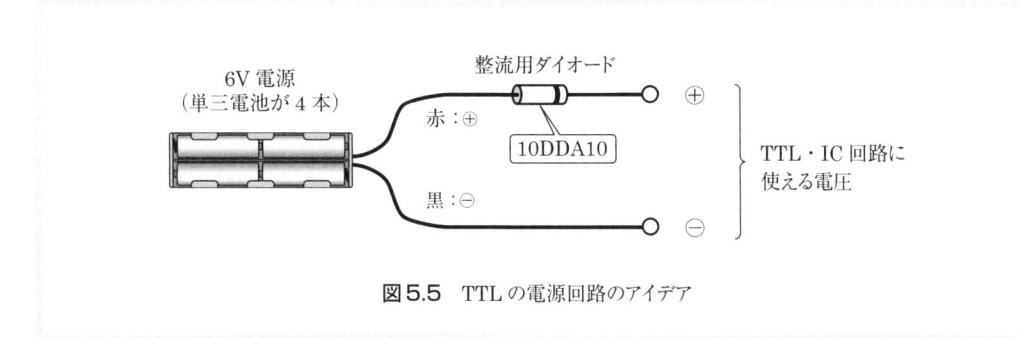

図5.5 TTLの電源回路のアイデア

(3) 論理レベル

電子回路の場合,「論理 "1"」と「論理 "0"」は,ある電圧の境目で決定されます。その境目を閾値（しきいち）と呼んいて,英語でスレッショルド・レベルといいます。

TTLとCMOSでは,それぞれの閾値が異なっています。

(a) TTLの閾値

規格表で示されていますが,74LS00などのLSタイプは,下記の通り定められています。

V_{IL}："L"レベル入力電圧　　入力電圧が0.8Vから1Vまでは,"L"レベルとみなされます。

V_{IH}："H"レベル入力電圧　　入力電圧が2.0Vから5Vまでは,"H"レベルとみなされます。

それぞれの範囲内にあれば,確実に動作を行いますが,範囲外になると不安定や不動作となるので注意が必要です。TTLの閾値を図5.6に示します。

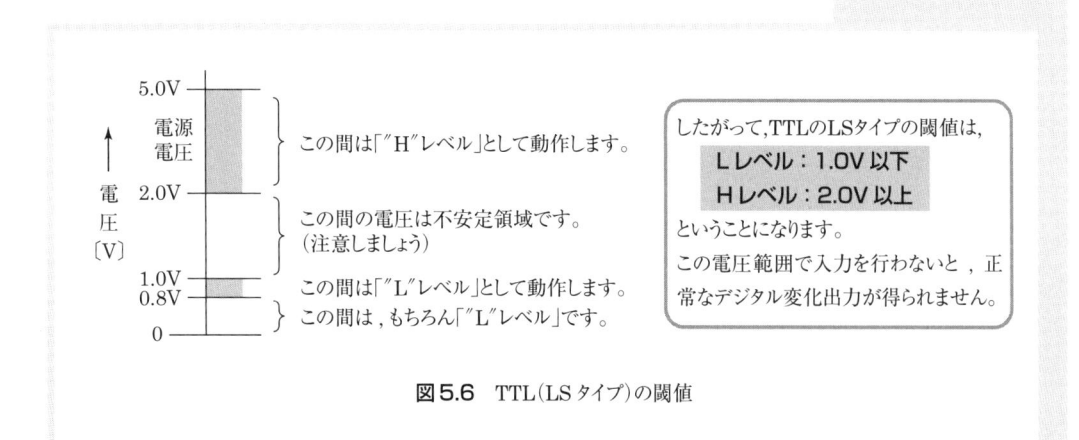

したがって,TTLのLSタイプの閾値は,

Lレベル：1.0V以下
Hレベル：2.0V以上

ということになります。
この電圧範囲で入力を行わないと,正常なデジタル変化出力が得られません。

図5.6　TTL(LSタイプ)の閾値

(b) CMOS の閾値

CMOS ロジック IC の規格を示します。

入出力レベル電圧〔V〕

    "H" レベル入力電圧　：　0.7 V×電源電圧

    "L" レベル入力電圧　：　0.2 V×電源電圧

    "H" レベル出力電圧　：　電源電圧 − 0.8 V

    "L" レベル出力電圧　：　0.4 V

        電源電圧　：　4000B シリーズの場合 3 〜 15 V

(4) CMOS と TTL の比較

インバータ回路どうしで比較してみましょう。CMOS のインバータの消費電流は，MOS トランジスタの極めて高い"遮断抵抗"のため，ナノアンペア※以下です。一方，低電力 TTL（ロー・パワー用 TTL）のインバータでも，0.2 mA（0.0002 A）もあります。いかに CMOS・IC の消費電流が低いかがわかります。したがって，携帯用のセット作りにはとても便利な IC なのです。ただし，TTL は安価で入手しやすいなどのメリットもあります。製作する回路によって，これらを使い分けると良いでしょう。

※ 1〔nA〕は，0.000000001〔A〕

5.3　論理回路

(1) 論理（ロジック）回路とは

論理は，すべてを "0" と "1" だけで取り扱うブール代数という学問で体系化されています。これは，電子回路に当てはめるのにピッタリなので，コンピュータ回路などへの発展に大きく影響を与えました。

数学的論理は，数字の 1 と 0 で表します。これを電子回路の電圧の状態（たとえば "ある"，"なし"）に対応させたものを論理回路と呼んでいます。

代表的な論理回路は AND（アンド），OR（オア），NOT（ノット）ですが，AND と NOT と組み合わせた NAND（ナンド）回路や，OR と NOT を組み合わせた NOR（ノア）回路と呼ばれるものも良く使用されます。

数学的論理を電子回路の電圧状態に対比すると，以下の通りとなります。

    論理 "1" …… 電圧 "あり"（ハイ・レベル "H" といいます）

    論理 "0" …… 電圧 "なし"（ロー・レベル "L" といいます）

(2) 真理値表

論理状態を示した表を真理値表といいます。入力状態に対する出力状態が分かります。図 5.7 に真理表の一例として，AND の例を示します。この例のように入力（A と B）には，"0" と "1" のすべての組み合わせを記入し，それぞれの入力に対する出力（Y）を記入します。

数学的論理と実際の電子回路の対応例を次の（a）～（c）に示します。

真理値表

入力		出力
A	B	Y
0	0	0
0	1	0
1	0	0
1	1	1

真理値表から分かること

入力 A,B がともに 1（"H"レベル）になったときだけ，出力 Y が 1（"H"レベル）になります。

図 5.7　真理値表の例（AND 回路）

(a) 論理和：OR 回路　（「玄関」の押しボタンを押しても，「お勝手」のスイッチを押しても呼び鈴のブザーが鳴る場合）

これは「玄関」と「お勝手」のどちらのスイッチを押しても，居間のブザーが鳴るということは，「論理和（OR）」の関係にあります。玄関の押しボタンを A，お勝手の押しボタンを B，ブザーを Y として，これを論理式で示すと Y = A + B となります（論理和の式）。回路で示すと図 5.8 のようになります。スイッチの並列回路がこの OR 回路になるのです。図記号は図 5.9 のように表します。

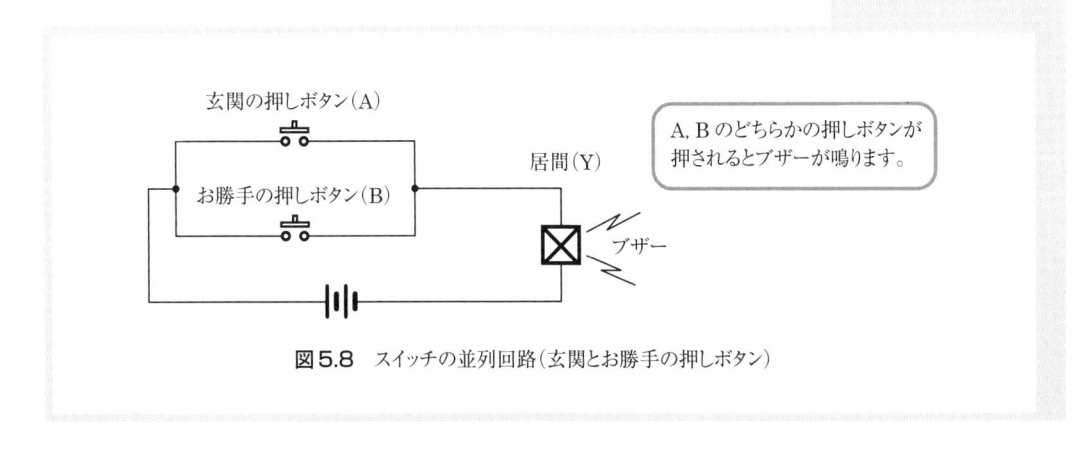

A, B のどちらかの押しボタンが押されるとブザーが鳴ります。

図 5.8　スイッチの並列回路（玄関とお勝手の押しボタン）

入力		出力
A	B	Y
0	0	0
0	1	1
1	0	1
1	1	1

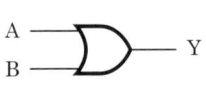

(b) 真理値表

(a) OR の図記号

入力 A, B のどちらかが 1（"H"レベル）になると，出力 Y が 1（"H"レベル）になります。

図 5.9 論理和回路（OR 回路）

(b) 論理積：AND（アンド）回路　（家庭の電源で，ブレーカー・スイッチが入っていれば，室内灯のスイッチをいれると電灯が点灯する場合）

ブレーカー・スイッチを A, 室内灯のスイッチを B, 室内灯を Y として，これを論理式で示すと $Y = A \cdot B$ となります（論理積の式）。これを回路で示すと図 5.10 のようになります。スイッチの直列回路がこの AND 回路になります。図記号は図 5.11 のようになります。

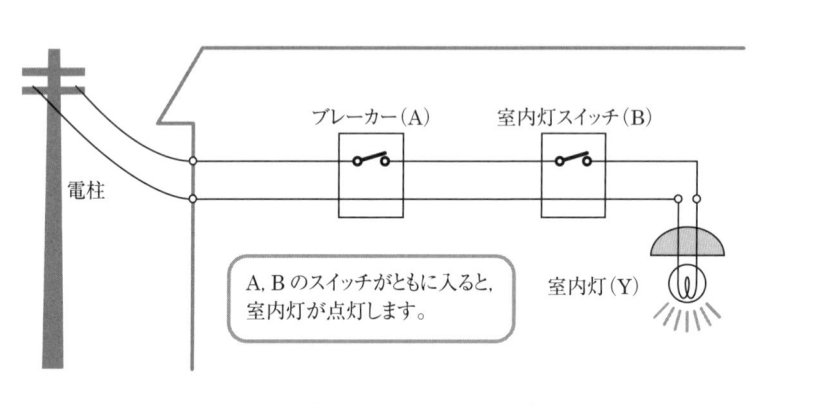

A, B のスイッチがともに入ると，室内灯が点灯します。

図 5.10 スイッチの直列回路（ブレーカーと室内灯スイッチ）

(b) 真理値表

入力		出力
A	B	Y
0	0	0
0	1	0
1	0	0
1	1	1

(a) AND の図記号

入力 A, B がともに 1（"H"レベル）になると，出力 Y が 1（"H"レベル）になります。

図 5.11 論理積回路（AND 回路）

(c) 否定：NOT 回路※　（明るくなると電灯が消灯し，暗くなると電灯（ランプ）が点灯する自動スイッチの場合）

　周囲の状況と電灯の状態が反転しています。このような状態を否定（NOT）といいます。周囲の状態を A，電灯を Y として，これを論理式で示すと Y = $\overline{A}$ となります（否定の式）。これを回路で示すと図 5.12 のようになります。図記号は図 5.13 のようになります。

※ NOT 回路はインバータともいいます。

※ CdS（図 5.12 中）：光の明るさで抵抗値が変化する素子

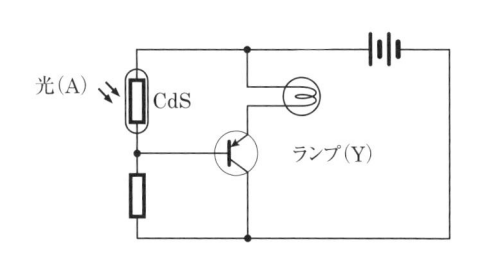

この回路では，光があるときを 1（"H"レベル）とすると，トランジスタが動作しないのでランプ（Y）は点灯しません。暗くなり，光がなくなる 0（"L"レベル）になると，トランジスタが動作してランプ（Y）が点灯します。光の明るさと電灯の点滅が逆になる回路です。

図5.12　入力と出力が逆になる回路（自動点灯スイッチ回路）

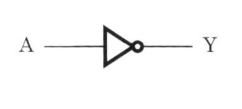

(b) 真理値表

入力	出力
A	Y
0	1
1	0

(a) NOT の図記号

入力 A と出力 Y は，反対の動作をしています。

図5.13　否定回路（NOT 回路）

(d) 否定論理積（NAND）と否定論理和（NOR）回路

　デジタルの回路では NAND 回路と NOR 回路というものもよく使用されます。NAND は AND 回路の出力に NOT 回路が接続されたもので，NOR 回路は OR 回路に NOT 回路が接続されたものです。それらの組み合わせの様子を図 5.14 に示します。特に NAND 回路は，図 5.15 のように複数を組み合わせることによって AND，OR，NOT を構成することができるので便利に使うことができます。

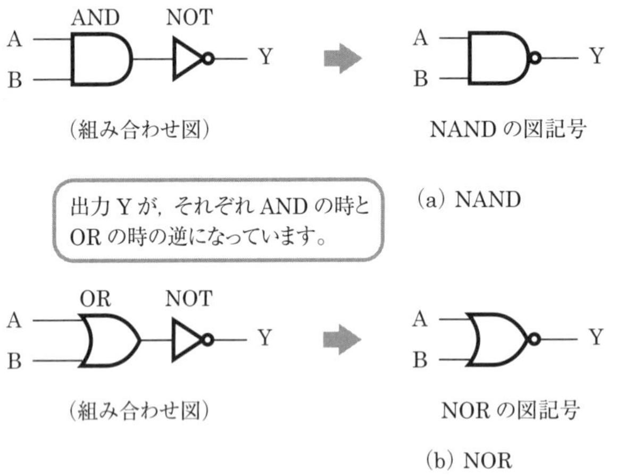

	NANDの真理値表	
入力		出力
A	B	Y
0	0	1
0	1	1
1	0	1
1	1	0

出力 Y が，それぞれ AND の時と OR の時の逆になっています。

(a) NAND

	NORの真理値表	
入力		出力
A	B	Y
0	0	1
0	1	0
1	0	0
1	1	0

(b) NOR

図5.14 NAND 回路と NOR 回路

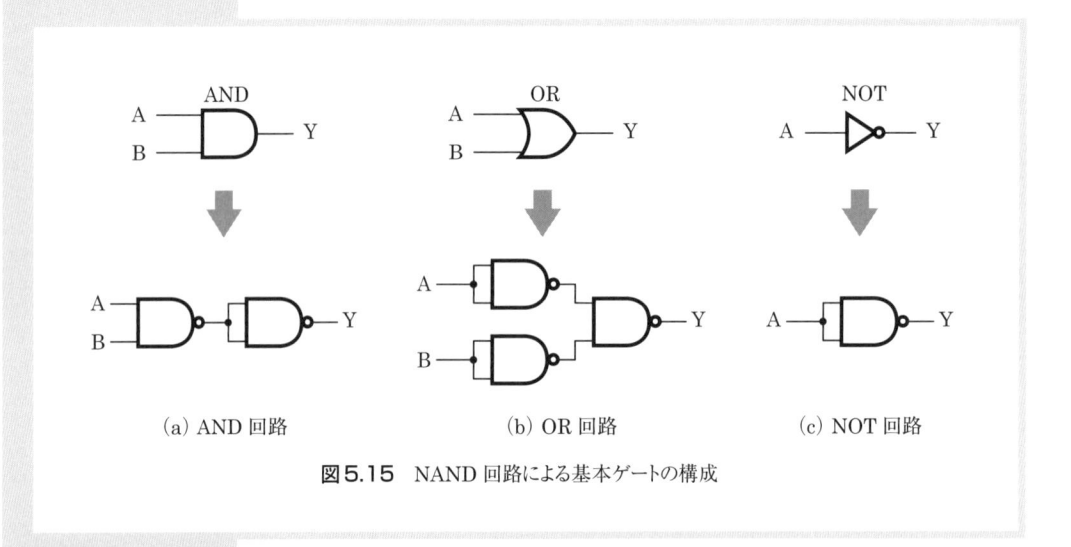

(a) AND 回路　　(b) OR 回路　　(c) NOT 回路

図5.15 NAND 回路による基本ゲートの構成

5.4　フリップフロップ回路

　最も簡単な記憶回路がフリップフロップ回路です。この回路は NAND 回路で簡単に構成できます。フリップフロップは，スイッチが入ったり，切れたりの交互動作を表しています。

　(注) これからの解説で，セットやリセットの信号及び出力の信号レベルを "0" → "L"（= 0 V），"1" → "H"（= +5 V 付近）で表示します。

(1) R-S フリップフロップ

図5.16(a)にR-S（リセット・セット）型フリップフロップ回路を示します。この回路は，S（セット）入力が"H"になると，出力Qが"H"，$\overline{Q}$が"L"になり，そのままの状態が保持されます。ここで，R（リセット）入力が"H"になる（ただし，S入力は"L"にしておきます）と出力Qは"L"，出力$\overline{Q}$は"H"になります。この回路の動作変化を図5.16(c)に示します。

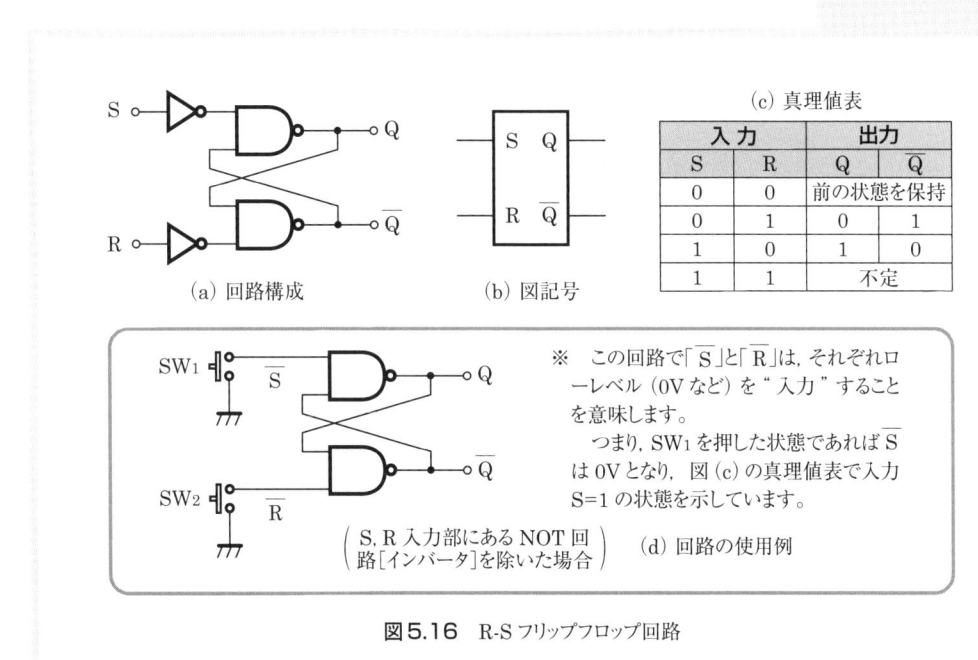

入力		出力	
S	R	Q	$\overline{Q}$
0	0	前の状態を保持	
0	1	0	1
1	0	1	0
1	1	不定	

(a) 回路構成　(b) 図記号　(c) 真理値表

※ この回路で「$\overline{S}$」と「$\overline{R}$」は，それぞれローレベル（0Vなど）を"入力"することを意味します。
つまり，SW1を押した状態であれば$\overline{S}$は0Vとなり，図(c)の真理値表で入力S=1の状態を示しています。

(S, R 入力部にある NOT 回路[インバータ]を除いた場合)　(d) 回路の使用例

図5.16 R-Sフリップフロップ回路

(2) 出力 Q と $\overline{Q}$ について

デジタル回路において，出力端子としてQと$\overline{Q}$が使用されます。Qは回路が動作した場合の出力を意味し，$\overline{Q}$はその反対レベルの出力を意味します。

R-Sフリップフロップ回路の場合，セット入力（S = "H"，R = "L"のとき）された場合には，Q = "H"，$\overline{Q}$ = "L"に，逆にリセット入力（S = "L"，R = "H"のとき）された場には，Q = "L"，$\overline{Q}$ = "H"になるわけです。$\overline{Q}$は「Qの反転出力」とも呼ばれています。

(3) J-K フリップフロップ回路

図5.17(a)にJ-K型フリップフロップ回路を示します。この回路は，入力Jが"H"，入力Kが"L"のとき，クロックパルスCKの立ち上が

※ この回路では出力が不安定となるため、一般的なJ-Kフリップフロップは「マスタスレーブ型」という回路構成になっています。

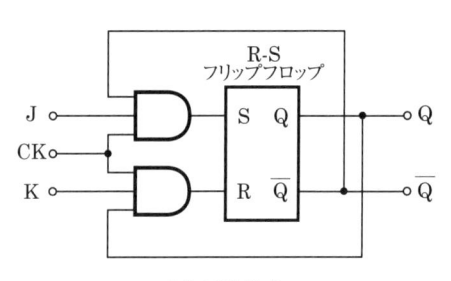

(a) 回路構成

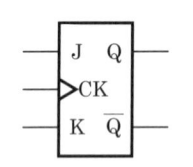

(b) 図記号（ポジティブエッジ型）

(c) 真理値表

入力			出力	
J	K	CK	Q	$\overline{Q}$
0	0	⤒	前の状態を保持	
0	1	⤒	0	1
1	0	⤒	1	0
1	1	⤒	前の状態を反転	

① ネガティブエッジ型

クロックパルスCKが立ち下がり（⤓）のときに動作。

② セット・リセット端子付

"0"の入力でセット(Q=1)
"0"の入力でリセット(Q=0)

(d) 各種のJ-Kフリップフロップ

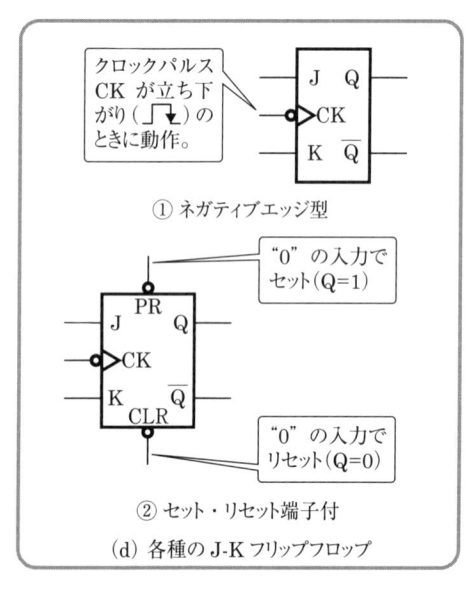

図5.17 J-Kフリップフロップ回路

り信号があると，出力Qが"H"（セット状態）になります。また，入力Jが"L"，入力Kが"H"のとき，クロックパルスの立ち上がり信号があると，出力Qが"L"（リセット状態）になります。入力JとKがともに"L"のとき，出力Qは前の状態を保持（記憶状態）します。入力JとKがともに"H"のときは，クロックパルスの立ち上がり信号があると，出力Qは前の状態の"H"と"L"を入れ替えて出力（反転状態）します。この回路の動作変化を図5.17(c)に示します。この回路では「立ち上がり信号」で動作をしていますが，「立ち下がり信号」で動作をするものもあります。

信号波形について

デジタル変化（電圧が"ある"／"なし"のような変化）をもった信号をパルス信号といいます。突発的な1つの信号や，連続的に続けて生じるものがあります。デジタル回路では，これらの信号が基になって，いろいろ動作します。私達の身体から出される，脳波や脈拍信号もパルス信号の一種です。図5.18に信号波形のいろいろを示します。

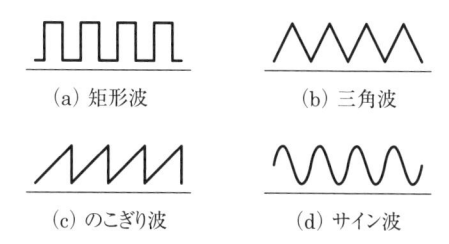

(a) 矩形波　　(b) 三角波

(c) のこぎり波　　(d) サイン波

図5.18 信号波形の例

クロックパルス

回路で使われる規則正しいパルス信号で，J-Kフリップフロップ回路などを動作させるとき使われる信号です。複数の電子回路のタイミングをとるために使用される場合もあります。クロックパルスは，CKやCPなどと表示されます。信号が"L"から"H"になる瞬間を「立ち上がり」といい，逆に"H"から"L"になる瞬間を「立ち下がり」といいます。クロックパルス入力があるフリップフロップは，立ち上がり信号か立ち下がり信号のどちらかが入力されると動作します（両方の信号により動作するタイプもあります）。

"L"から"H"になる瞬間　　"H"から"L"になる瞬間

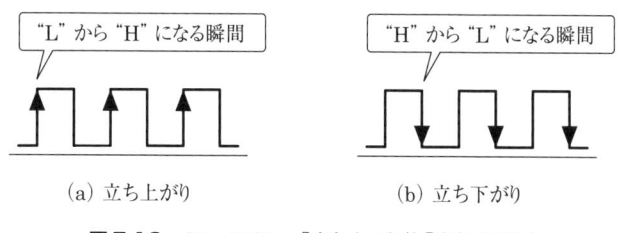

(a) 立ち上がり　　(b) 立ち下がり

図5.19 クロックパルス「立ち上がり」と「立ち下がり」

5. デジタル回路の基礎知識

基礎編

(4) Dフリップフロップ回路

この回路は，入力端子がDとクロックの2つと，出力端子がQと反転の$\overline{Q}$の2つでできています。J-Kフリップフロップ回路とくらべて，簡単な構成になっています。図5.20(a)(b)に回路記号と動作を示す真理値表を示します。スッキリしています。

この回路の動作を図5.20(c)のタイミング・チャートに示します。この図からわかる通り，クロックによって遅れていることがわかります。これは一種の遅延回路なのです。

このDフリップフロップ回路は，順番に送るトコロテン伝送回路に向いていますし，また回路構成も簡単になるので，よく部品要素としても使用されています。

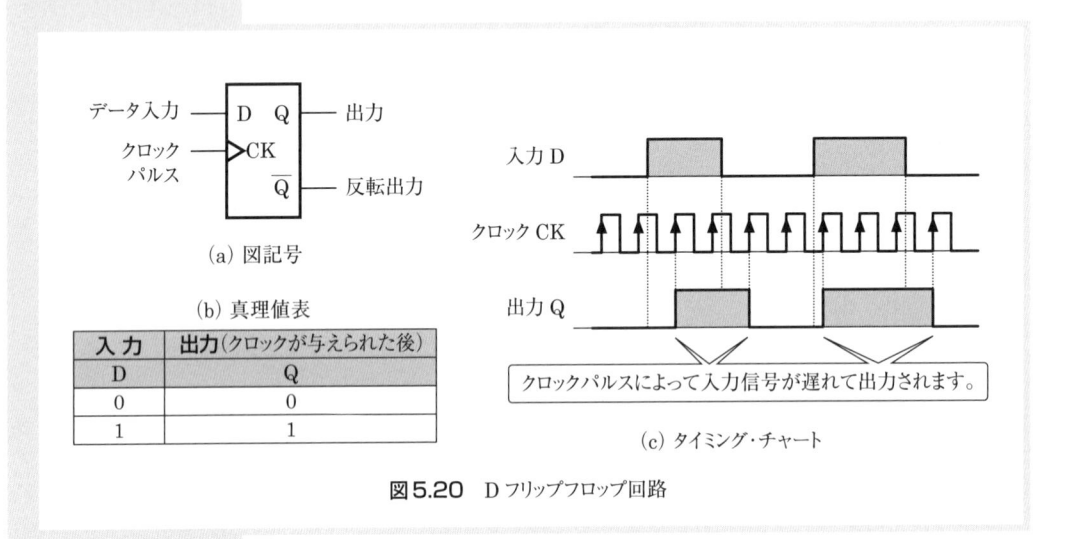

(a) 図記号

(b) 真理値表

入力	出力（クロックが与えられた後）
D	Q
0	0
1	1

(c) タイミング・チャート

クロックパルスによって入力信号が遅れて出力されます。

図5.20 Dフリップフロップ回路

(5) J-K型から他の型への変換

J-K型フリップフロップ回路は，R-Sフリップフロップ回路などの他の回路に変換することができます。図5.21(a)(b)に変換方法を示します。

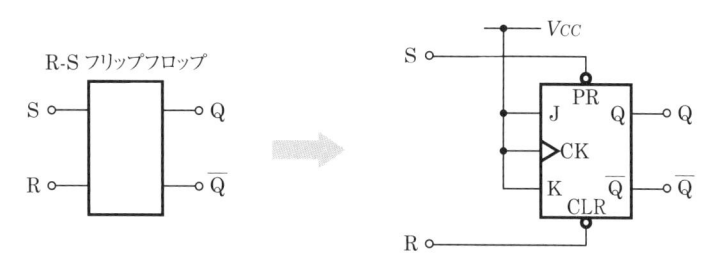

(a) R-S フリップフロップの変換例

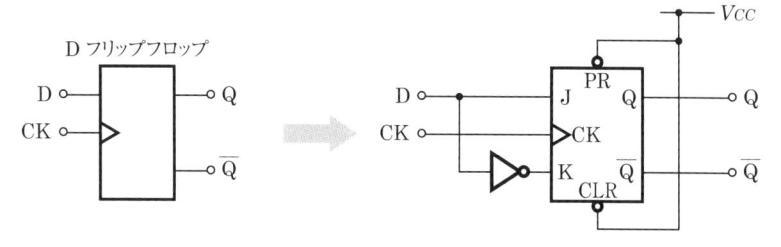

(b) D フリップフロップの変換例

図 5.21　J-K フリップフロップによる各種フリップフロップへの変換例

5.5　カウンタ（計数器）

　デジタル信号の動きを知るのにカウンタ回路が手軽です。J-K フリップフロップ回路を使用して簡単なカウンタを構成して，動きを見ることにしましょう。

　デジタル信号は，信号の"ある"，"なし"※で表現するので，その信号を数えるカウンタも，普通の私たちが使っている 10 進法のカウンタでは使えません。2 値の状態を計数するには，2 進数カウンタを基本とする 2 の n 乗カウンタが必要となるのです。

※ これを"2 値"と言います。

(1)　2 進カウンタ

　デジタル信号の変化をとらえて，パルス数をカウントする基本回路です。J-K フリップフロップ回路を 1 個使用して作ることができます。

　図 5.22(a) に J-K フリップフロップ回路を 1 個使用した 2 進カウンタを示します。図 5.22(b) に動作を示すタイミング・チャートを示します。入力されるパルス数の 1/2 になることが分かります。このようにパルス数が 1/2 や 1/4 ……に減らせることを分周するともいい，その回路を分周器といいます。デジタル回路では，カウンタと同じ意味に

(a) 2進カウンタ回路
（普通のフリップフロップ回路1つと同じ）

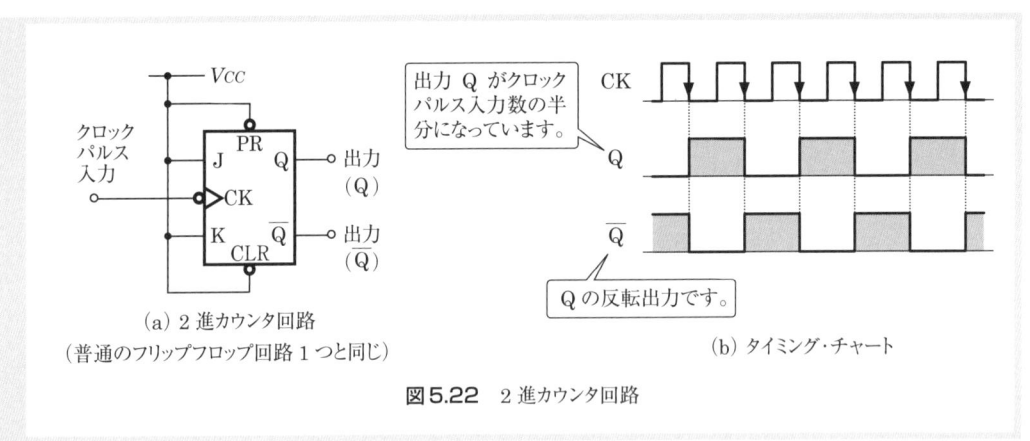

出力 Q がクロックパルス入力数の半分になっています。

$\overline{Q}$ の反転出力です。

(b) タイミング・チャート

図5.22　2進カウンタ回路

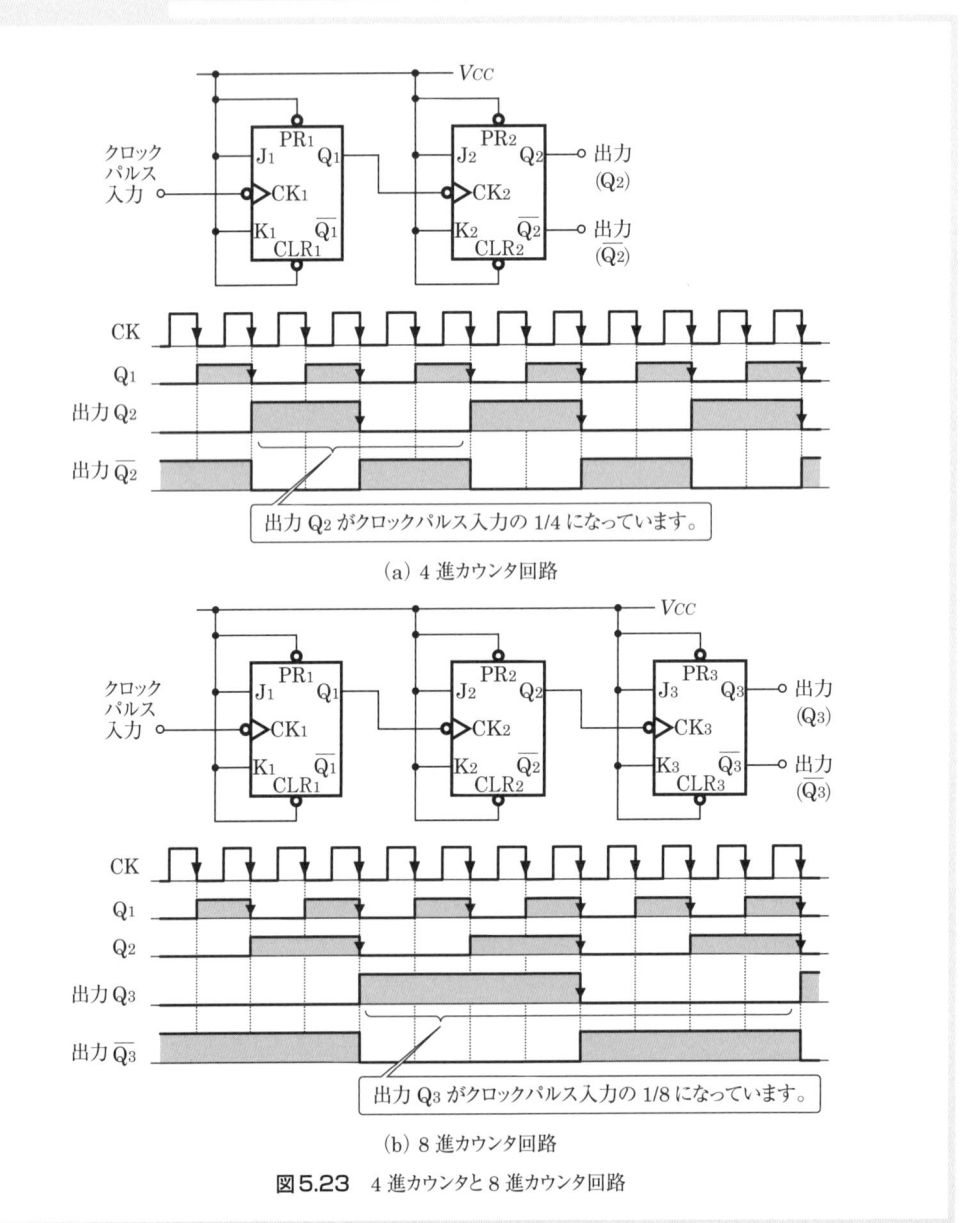

(a) 4進カウンタ回路

出力 Q_2 がクロックパルス入力の 1/4 になっています。

(b) 8進カウンタ回路

出力 Q_3 がクロックパルス入力の 1/8 になっています。

図5.23　4進カウンタと8進カウンタ回路

なります。ここでは構成が簡単な非同期式カウンタを説明します。

　もし，この2進カウンタを2個つなげると，さらに入力パルス数の1/4になる4進カウンタになります。この回路とタイミング・チャートを図5.23(a)に示します。

　図5.23(a)の回路をさらにもう1個J-Kフリップフロップ回路をつなげると，1/8になる8進カウンタ，また1個J-Kフリップフロップ回路をつなげると，1/16になる16進カウンタを構成することができます。このように，順に回路を増やして構成するカウンタをn進カウンタ※と呼んでいます。

　図5.24に16進カウンタの回路と，タイミング・チャートを示します。

※ 2のn乗を意味しています。

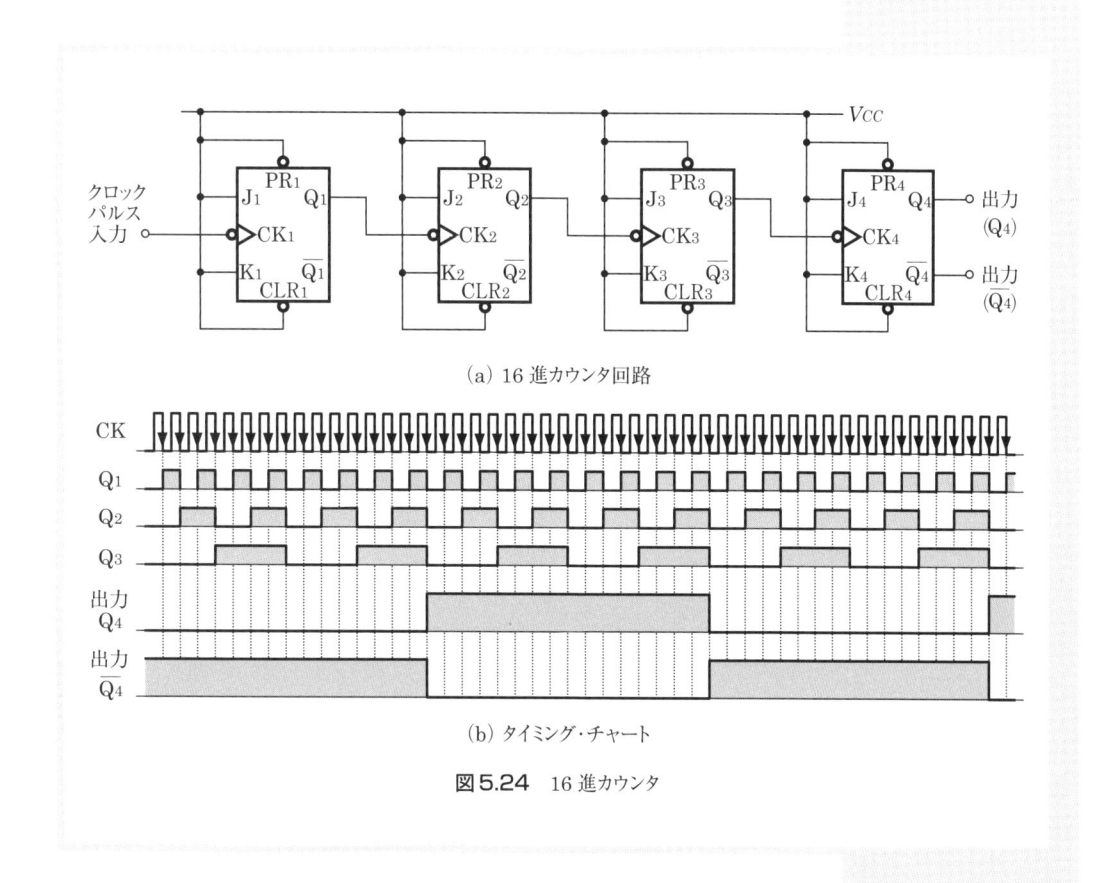

(a) 16進カウンタ回路

(b) タイミング・チャート

図5.24　16進カウンタ

(2) デジタル・カウンタの計数出力の読み方

　n進カウンタの出力は2進数の桁で計数され，情報表現の最小単位は"ビット（bit）"と呼ばれます。ですから，2進数カウンタが1つだと「1ビットカウンタ」で，2の1乗（＝2）になり，「2進カウンタ」のことになります。また，2つだと2ビットカウンタ，2の2乗（＝4）なので，4進カウンタになります。また，3ビットカウンタなら，2の3

乗（＝8）なので，8進カウンタとなります。それぞれの計数結果はつぎのようになります。各桁の合計が計数値となります。

(a) 4進カウンタ

入力パルス数	2ビット目（値＝2）	1ビット目（値＝1）
0	0	0
1	0	1
2	1	0
3	1	1
4	0	0
5	0	1
6	1	0
7	1	1
8	0	0

←パルスが4個目になるとすべて0に戻ります。

←またパルスが4個目から数えて4個目になるので0に戻ります。

このように4進カウンタはパルスが4個入力されるたびに，0に戻る動作をします。ここからも分かる通り，各桁（ビット）には，重みと呼ばれる値があります。1桁目は1，2桁目は2です。この重みは決まっていて，1桁目から順番に表すと，1，2，4，8，16，32，64，128，256，……と2のn乗（nは0からの整数です）になっています。

(b) 8進カウンタ

つぎに8進カウンタの場合を見てみましょう。8進カウンタは，3桁の3ビット・カウンタとなり，パルス入力が8個目で0に戻ることは，もう分かりますね。

入力パルス数	3ビット目（値＝4）	2ビット目（値＝2）	1ビット目（値＝1）
0	0	0	0
1	0	0	1
2	0	1	0
3	0	1	1
4	1	0	0
5	1	0	1
6	1	1	0
7	1	1	1
8	0	0	0

5. デジタル回路の基礎知識

基礎編

(3) デジタル値の読み方のまとめ

10進数なら1, 10, 100, 1000, ……と10倍ずつ上がっていきますが, 2進数の各桁（各ビット）に対する位は, 1, 2, 4, 8, 16, 32, 64, 128, 256, ……と2のn乗（0からの整数）になります。2進数4桁で左側が高い位のとき, 1011であった場合の値は, 1が示されている桁だけの重みを加えればよいので, （8+0+2+1=）11を意味するわけです。すべて1で1111なら（8+4+2+1=）15となるわけです。

また, デジタル値の各ビットに対する数値は,「重み（ウェイト）」とも呼ばれています。デジタル値は, このウェイトの合計値でもあるわけです。

(4) 10進カウンタの作り方

2のn乗のカウンタでは, 8進（2の3乗）カウンタの次は16進（2の4乗）カウンタになってしまいます。それでは, 10進カウンタを作るにはどうするのでしょうか。10進カウンタといっても, パルスが10個になると出力が出るというものではありません。このように動作をさせるためには, あとで説明をするデコーダという回路が必要になります。カウンタは, やはり出力の重みが1, 2, 4, 8, ……のように変化するのです。

では, 図5.25に10進カウンタの回路とタイミング・チャートを示します。ここで分かるように, 0～9までの出力変化が得られるカウンタで, 0000, 0001, 0010, 0011, 0100, 0100, 0101, 0110, 0111, 1000, 1001のあと0000（0に戻ります）になるように回路が作られているのです。このように, 0～9までの10種類の変化を行う信号変化のことを, BCD※と呼んでいます。

※ Binary Coded Decimal：2進化10進数

入力パルス数	4ビット目（値=8）	3ビット目（値=4）	2ビット目（値=2）	1ビット目（値=1）
0	0	0	0	0
1	0	0	0	1
2	0	0	1	0
3	0	0	1	1
4	0	1	0	0
5	0	1	0	1
6	0	1	1	0
7	0	1	1	1
8	1	0	0	0
9	1	0	0	1
10	0	0	0	0

↑10個目で, すべて0に戻ります

図5.25 10進カウンタ回路

(a) 10進カウンタ回路

(b) タイミング・チャート

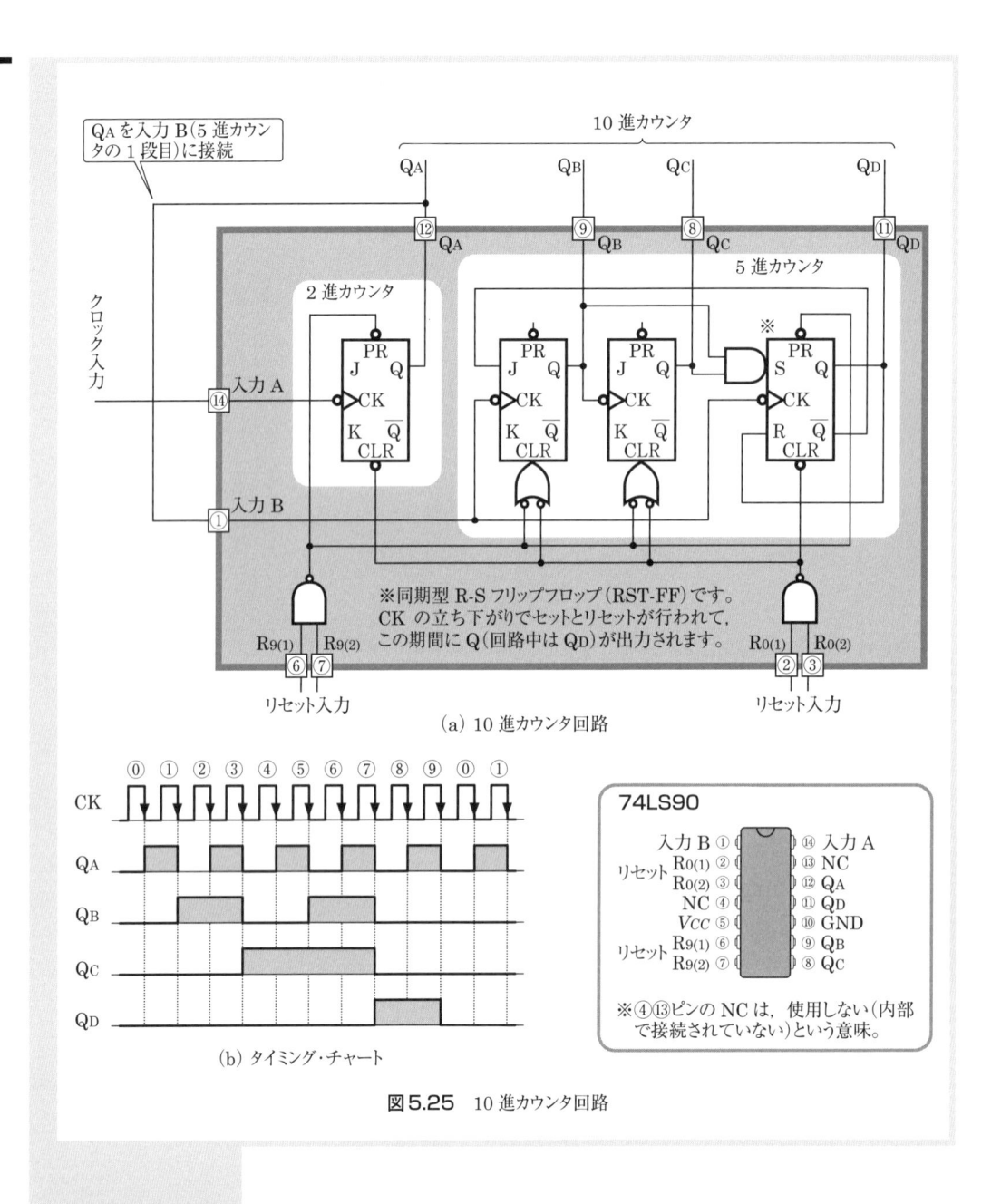

74LS90

※④⑬ピンのNCは、使用しない（内部で接続されていない）という意味。

(5) 非同期型カウンタと同期型カウンタ

いままでのカウンタ回路は，非同期型カウンタと呼ばれます。1段目の出力が2段目のパルス入力端子に与えられるので，1段目のパルス入力とは同期せずに後段に伝えられるからです。

それに対して，各段のJ-Kフリップフロップ回路のパルス入力端子に1段目と同じパルス入力が与えられて，すべてが入力パルスに同期して動作するものを同期型カウンタと呼びます。

同期型4進カウンタの例を図5.26に示します。この回路のタイミング・チャートは，非同期型の4進カウンタのタイミング・チャートと

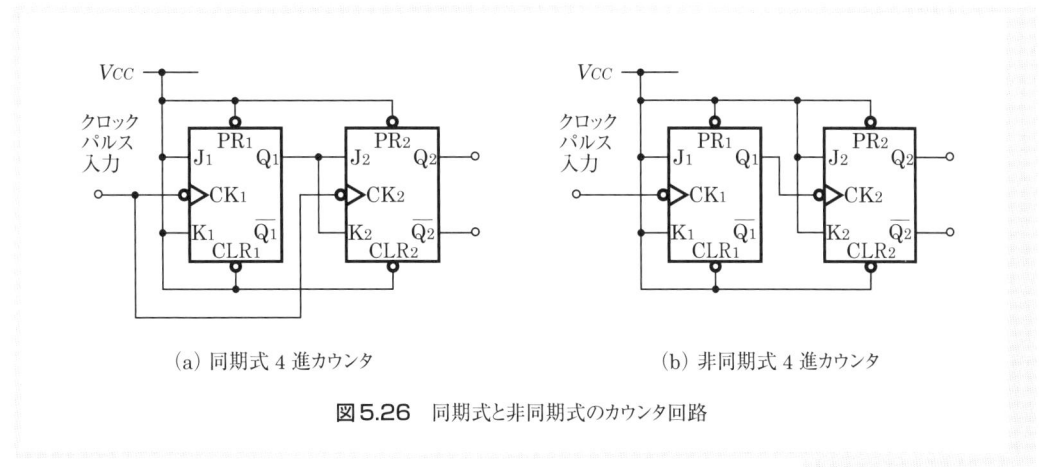

(a) 同期式 4 進カウンタ　　　　　　　　　　(b) 非同期式 4 進カウンタ

図 5.26　同期式と非同期式のカウンタ回路

同じですが，入力される基準パルスに同期しながら，各段の出力が変化します。

非同期型カウンタでは，あまり多段にすると，素子の動作の遅れによって，後に行くほど遅れが大きくなり，不正確になってきます。正確さが必要な場合には，同期型が向いています。

実験や簡単な回路においては，非同期型でも充分でしょう。

(6) カウンタ回路の応用（2 進カウンタによる LED の点滅）

一番単純な 2 進カウンタは，J-K フリップフロップ回路 1 個で作れます。1 秒間隔（1 Hz）の入力パルスを使うと，J-K フリップフロップ回路の出力は，2 倍の周期でオン／オフするので，2 秒間隔で点滅することになります。

回路図を図 5.27 に示します。入力パルスのスピードを変えることによって，点滅期間も変化させることができます。あまり入力パルスのスピードを速くしすぎると，点滅の変化に目がついてゆけず，点灯しっぱなしに見えますから注意します。

もう 1 個 LED を使うと，LED を交互に点滅させることができます。J-K フリップフロップ回路の 2 出力を使うと，簡単に作れます。

J-K フリップフロップ回路 1 個では，入力パルスのタイミングが 1/2 になります。入力パルスは，NOT を用いた発振回路のおよそ 1 Hz の周期を利用しますので，0.5 Hz の周期タイミングで LED の点滅が得られるわけです。

LED 表示回路を 3 つ利用すると，その動きが確認できます。J-K フリップフロップ回路の出力 Q と $\overline{Q}$ は，交互に同じタイミングで点滅します。出力 $\overline{Q}$ は出力 Q の反転（反対のことです）ですから，Q が点灯している期間は $\overline{Q}$ は消灯し，Q が消灯している期間は，$\overline{Q}$ が点灯する

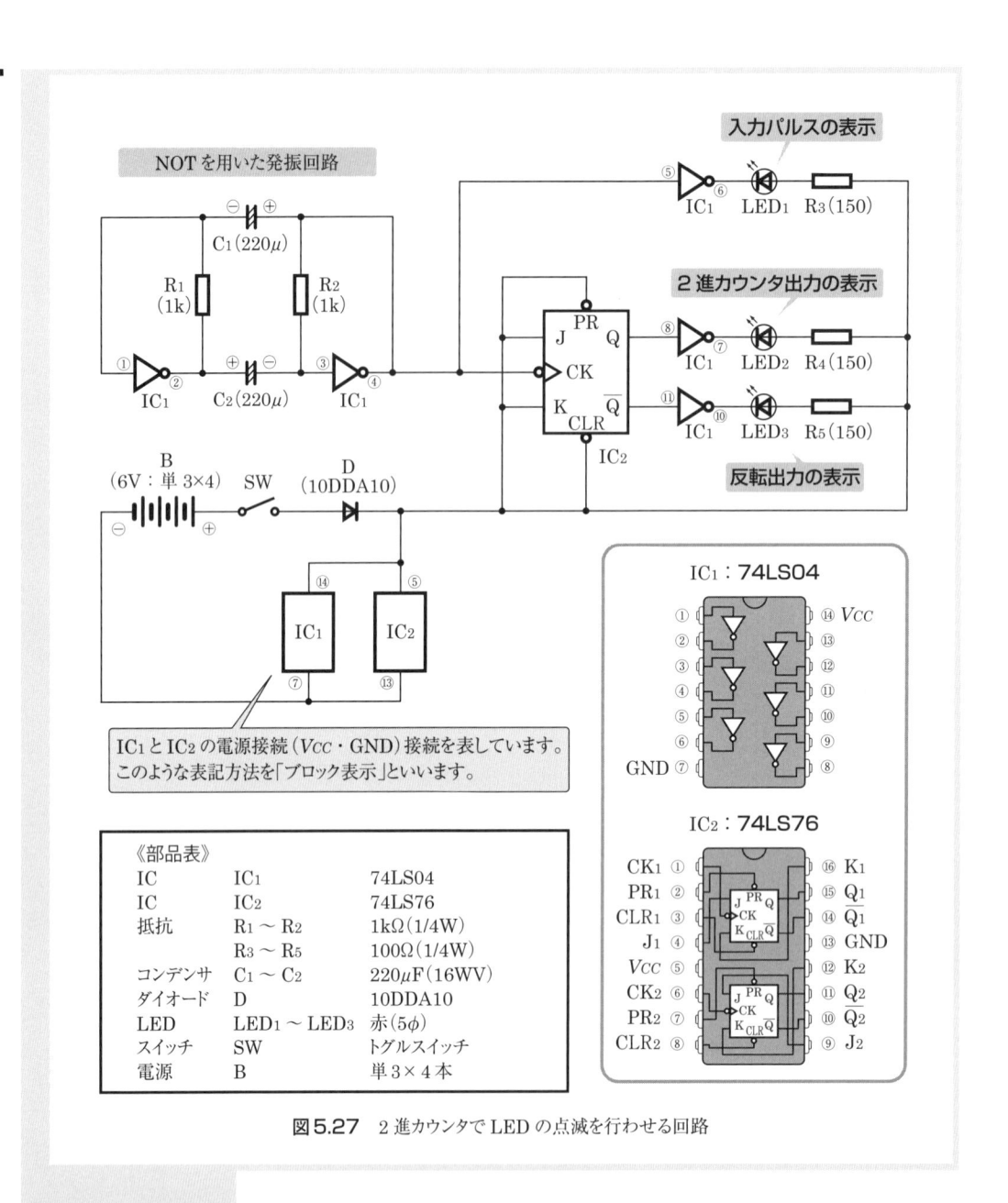

図5.27 2進カウンタでLEDの点滅を行わせる回路

《部品表》
IC	IC$_1$	74LS04
IC	IC$_2$	74LS76
抵抗	R$_1$～R$_2$	1kΩ(1/4W)
	R$_3$～R$_5$	100Ω(1/4W)
コンデンサ	C$_1$～C$_2$	220μF(16WV)
ダイオード	D	10DDA10
LED	LED$_1$～LED$_3$	赤(5φ)
スイッチ	SW	トグルスイッチ
電源	B	単3×4本

のです。

　この実験で，入力パルス数が2個で，出力Qが点灯状態となり，続けて2個のパルス入力で出力は消灯状態となることが分かります。

(7) 16進カウンタの応用回路

2進カウンタはJ-Kフリップフロップ回路を1個使用しましたが，図5.28(a)のように4個使用すると，16進カウンタの構成になります。これの動きを見ることにしましょう。LED表示器も図のように接続して，入力の基準パルスと各J-Kフリップフロップ回路の出力Qが見えるようにします。

4個のLEDは図5.28(b)のような点滅動作をするはずです。0～15までの出力変化が得られます。

《部品表》
IC	IC_1	74LS04
IC	IC_2～IC_3	74LS76
抵抗	R_1～R_2	1kΩ(1/4W)
	R_3～R_6	150Ω(1/4W)
コンデンサ	C_1～C_2	220μF(16WV)
ダイオード	D	10DDA10
LED	LED_1～LED_4	赤(5φ)
スイッチ	SW	トグルスイッチ
電源	B	単3×4本

※各J-Kフリップフロップ回路のクリア（CLR）端子をGNDに接続すると，強制的に0スタートすることができます。

カウンタの動作に対応するLEDの表示変化

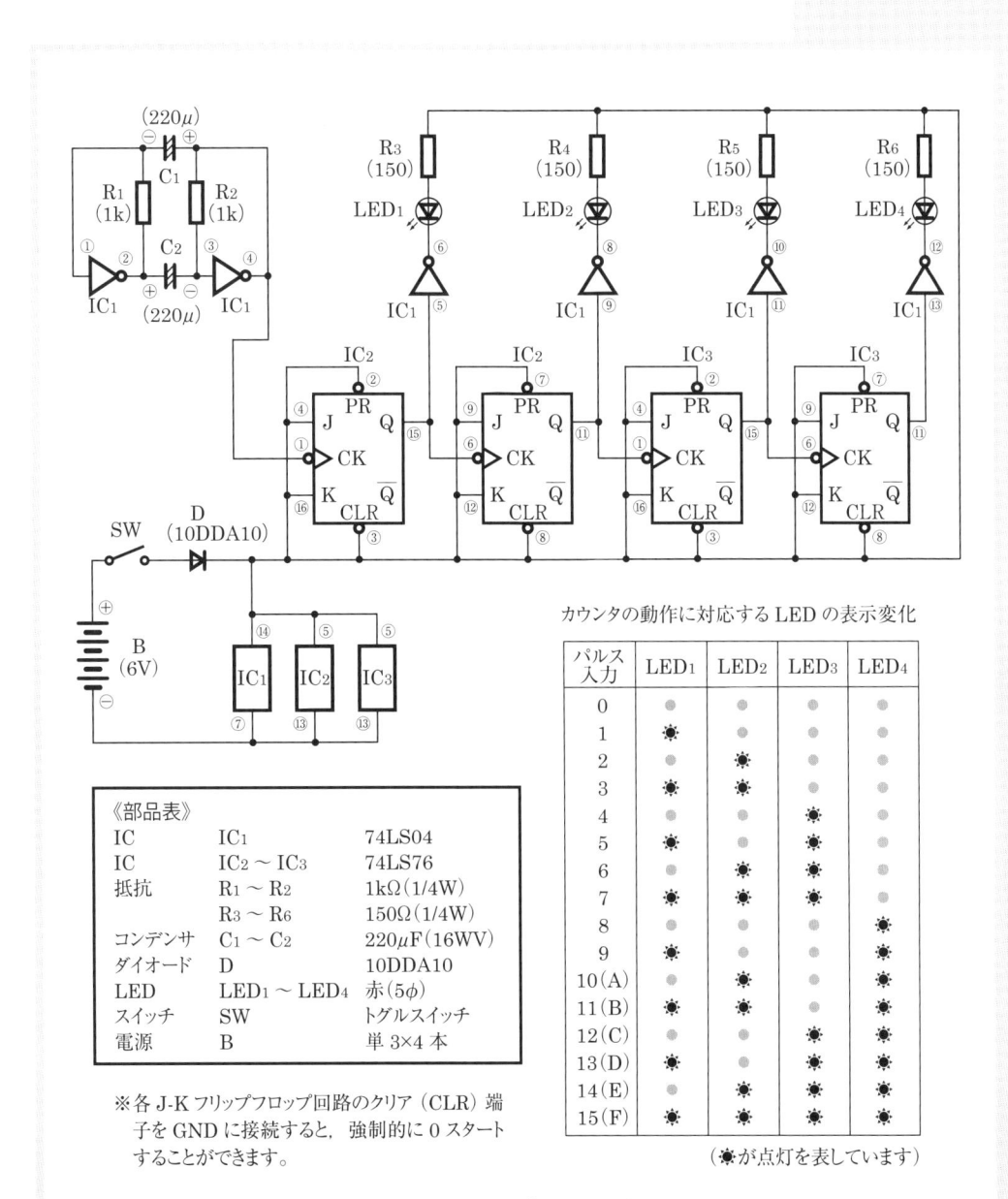

パルス入力	LED_1	LED_2	LED_3	LED_4
0	●	●	●	●
1	☀	●	●	●
2	●	☀	●	●
3	☀	☀	●	●
4	●	●	☀	●
5	☀	●	☀	●
6	●	☀	☀	●
7	☀	☀	☀	●
8	●	●	●	☀
9	☀	●	●	☀
10(A)	●	☀	●	☀
11(B)	☀	☀	●	☀
12(C)	●	●	☀	☀
13(D)	☀	●	☀	☀
14(E)	●	☀	☀	☀
15(F)	☀	☀	☀	☀

（☀が点灯を表しています）

図5.28 16進カウンタ回路

入力基準パルスが16回加えられたところで，4個のJ-Kフリップフロップ回路（ICは2個で構成できます）はともに消灯するはずです。

また，各J-Kフリップフロップ回路の出力は，入力基準パルスの立ち下がり（GND側に落ちる点）で，変化します。LEDの点滅イルミネーションやゲーム機の制御回路として使うこともできます。

J-Kフリップフロップ回路を4個並べなくても，この4個分を1個にまとめたICがあります。その1つに74192（または74LS192）というものがあって，これを使うと，回路を作る上で大変に簡単になります。

このICは，4ビット同期式アップダウンカウンタと呼ばれるもので，カウント値をアップ方向にしたり，ダウン方向にすることができます。

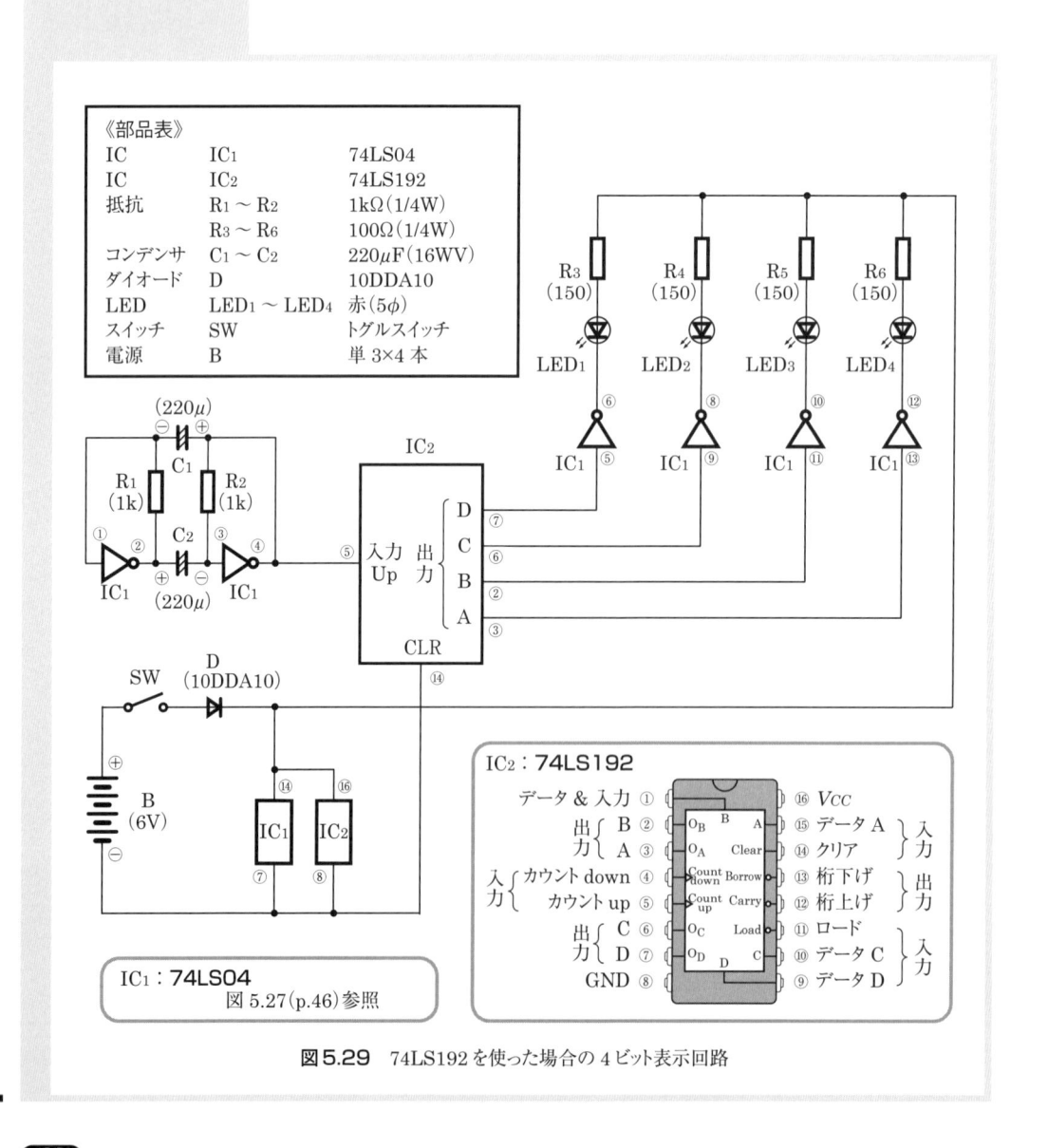

《部品表》
IC	IC_1	74LS04
IC	IC_2	74LS192
抵抗	$R_1 \sim R_2$	1kΩ(1/4W)
	$R_3 \sim R_6$	100Ω(1/4W)
コンデンサ	$C_1 \sim C_2$	220μF(16WV)
ダイオード	D	10DDA10
LED	$LED_1 \sim LED_4$	赤(5φ)
スイッチ	SW	トグルスイッチ
電源	B	単3×4本

図5.29 74LS192を使った場合の4ビット表示回路

この74LS192を使った場合の4ビット表示回路を図5.29に示します。大変に結線が容易になることがわかります。このカウンタも4ビット（D, C, B, A）の表示変化が得られます。

デジタルICの結線上の注意

　デジタルICに結線を行うときに，使わない入力ピンがある場合が多くあります。このピンを開放状態（どこにも結線しない）にしておくと，IC内部の回路構成によっては，外部雑音や誘導を受けやすくなり，不安定状態になったり，場合によっては動作を行わない場合があります。したがって，使用しない空きピンになる入力部分は開放状態にせず，＋電源（5V）に接続する必要があります。また，万が一IC内部で障害が起きてショート状態になっても，電源にダメージを与えないように，10kΩ以上の高抵抗を通して＋電源に接続する方法も有効です。この抵抗のことを「プルアップ（吊り上げ）抵抗」ともいいます。一例を図5.30に示します。

　デジタル回路を見て，ICの電源以外に＋電源が与えられているのは，この理由によるものです。

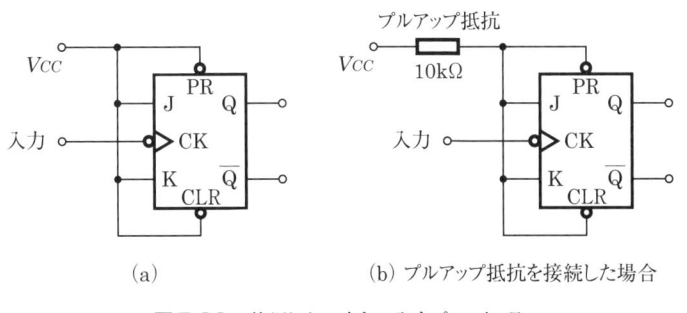

図5.30　使用しない空きの入力ピンの処理

5.6 シフトレジスタ回路

流れる光表示を得るのに便利な回路です。いろいろな回路に応用ができます。

(1) 順番に信号を出す回路

いままで解説してきた回路で順番に出力信号を得るためには，カウンタ（計数）回路とデコーダを使うと構成することができます。カウンタの2進数出力を10進数に変換して，0，1，2，3，…の結果を信号として使うことになります。図5.31に示すようにカウンタとデコーダ回路の2本立ての構成が必要になるわけです。

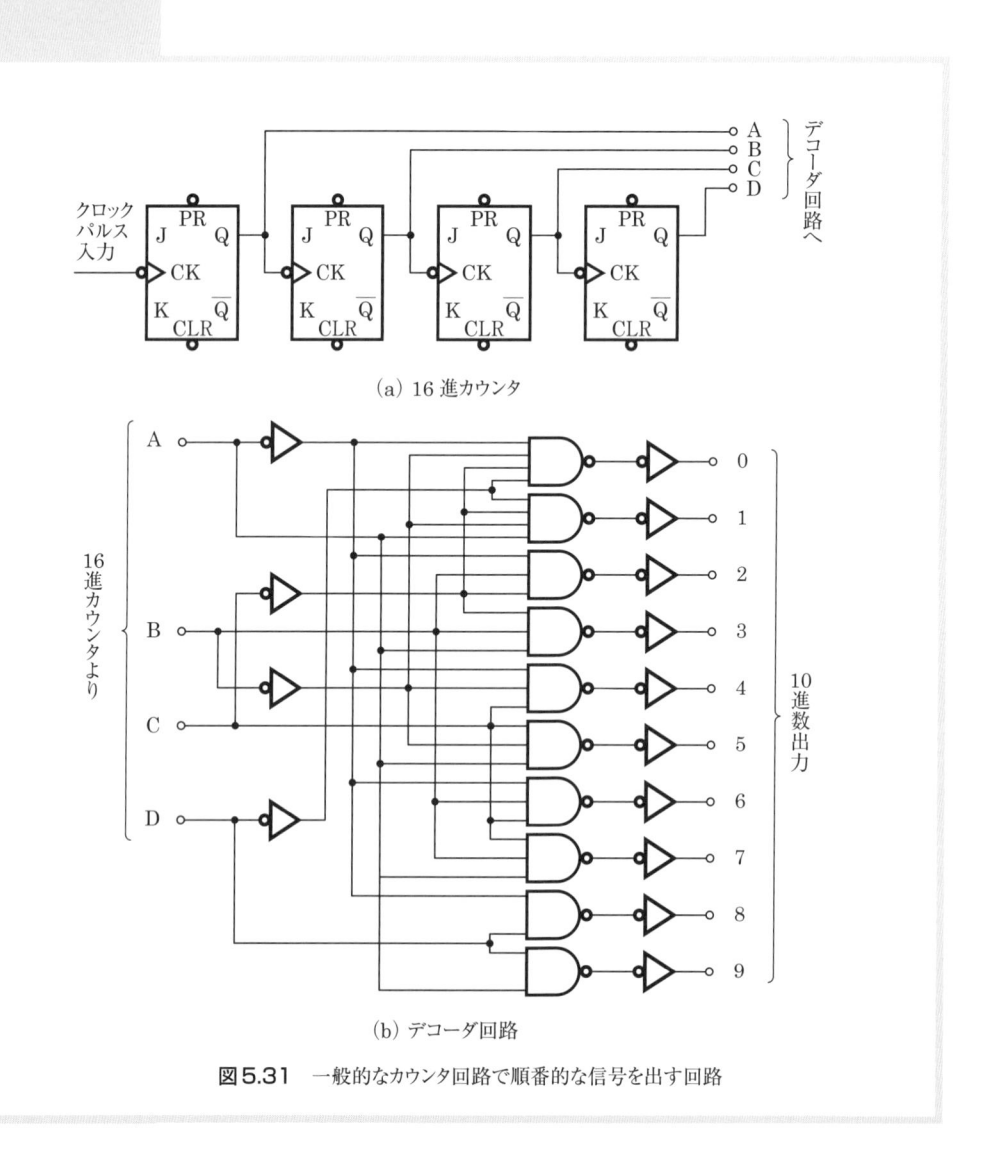

(a) 16進カウンタ

(b) デコーダ回路

図5.31 一般的なカウンタ回路で順番的な信号を出す回路

しかし，順番に出力される信号を得るためには，カウンタ回路やデコーダ回路などを使わずに，簡単なシフトレジスタという回路がピッタリです．フリップフロップを上手に使った回路でもあります．

(2) シフトレジスタについて

シフトレジスタは，信号の移動を行う記憶素子という意味で，蓄積した信号を順次移動する回路のことをいいます．順次送り出す信号はクロック信号と呼ばれる連続パルス信号で行われ，このクロック信号の速さ（周波数）を変化させることによって，簡単に移動するスピードを変えることができます．クロック信号の周波数を高くすると，移動スピードが速くなり，周波数を低くすると，移動スピードが遅くなります．

シフトレジスタの回路は，J-Kフリップフロップ回路やDタイプの

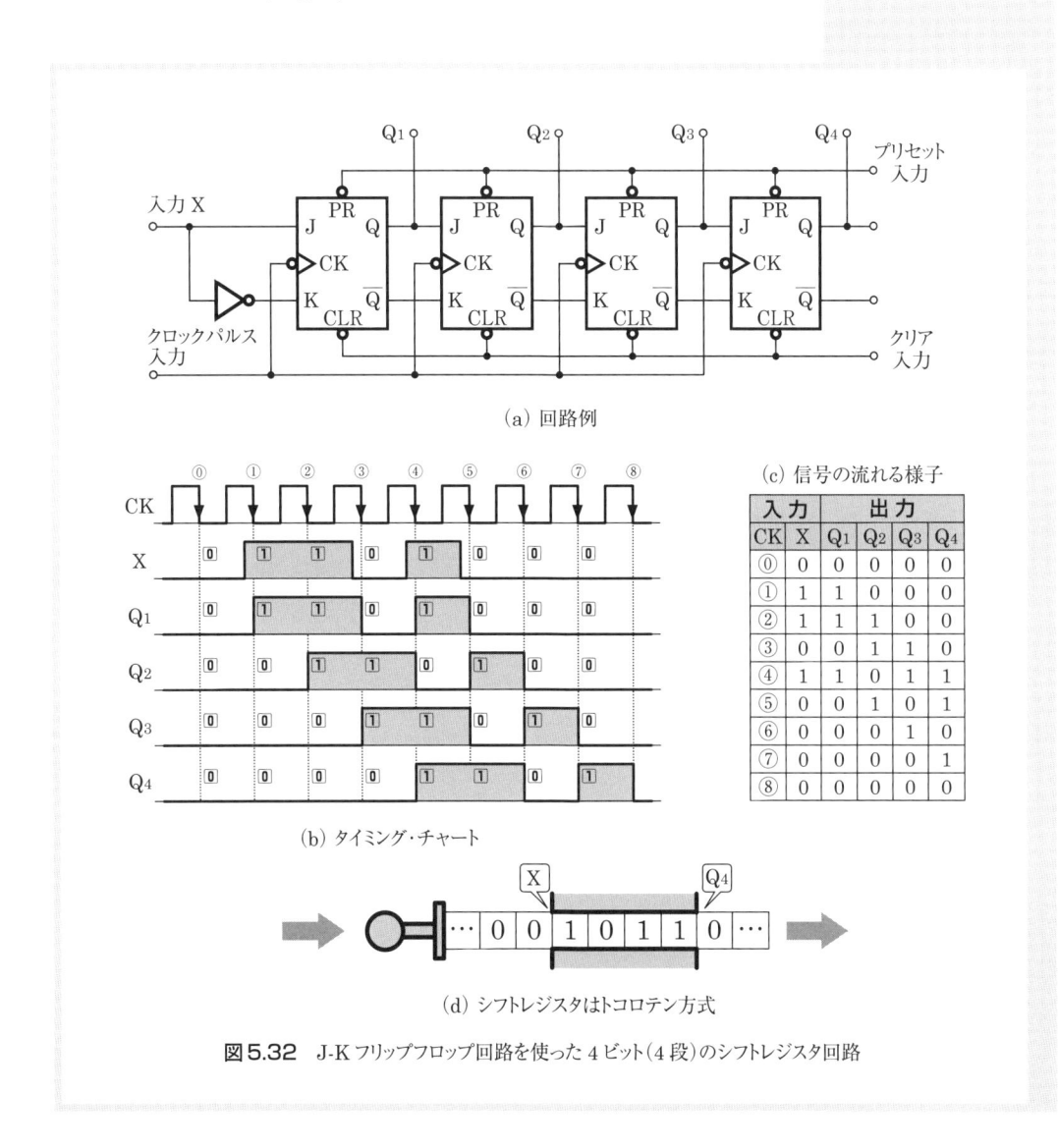

(a) 回路例

入力	出力			
CK	X	Q_1	Q_2	Q_3	Q_4
⓪	0	0	0	0	0
①	1	1	0	0	0
②	1	1	1	0	0
③	0	0	1	1	0
④	1	1	0	1	1
⑤	0	0	1	0	1
⑥	0	0	0	1	0
⑦	0	0	0	0	1
⑧	0	0	0	0	0

(c) 信号の流れる様子

(b) タイミング・チャート

(d) シフトレジスタはトコロテン方式

図5.32 J-Kフリップフロップ回路を使った4ビット（4段）のシフトレジスタ回路

フリップフロップ回路を鎖状に接続することにより構成できます。J-K フリップフロップ回路を使った4ビット（4段）のシフトレジスタ回路例を図5.32(a) に示します。

この回路で，はじめ Q_1 ("0")，Q_2 ("0")，Q_3 ("0")，Q_4 ("0") のとき，先頭から1101の信号がクロック・パルスによって与えられたとしますと，図5.32(b) に示すような信号がシフトレジスタの出力が順次発生します。入力信号によって，順番にトコロテンのように信号が出てくることがわかります。その様子を図5.32(c) に示します。

このように，入力信号を遅らせたり，途中で流れ込む信号の様子を知ることもできるのです。

（3）シフトレジスタでリングカウンタを作る

シフトレジスタの入力に与えられた信号は，トコロテンのように最終段の出力部でたれ流し状態です。そこから出た信号は，自然に消滅することになります。

では，繰り返して動作を行わせるには，どうしたらよいでしょうか。答は簡単です。たれ流しになっている最終段の出力をスタートとなる開始段のデータ入力部に戻せば，グルグルと繰り返しを行わせることができます。この方式は，輪（リング）の形になった順序的な信号シフト回路ということで，リング・カウンタと呼ばれます。図5.33にそのリングカウンタの概念図を示します。

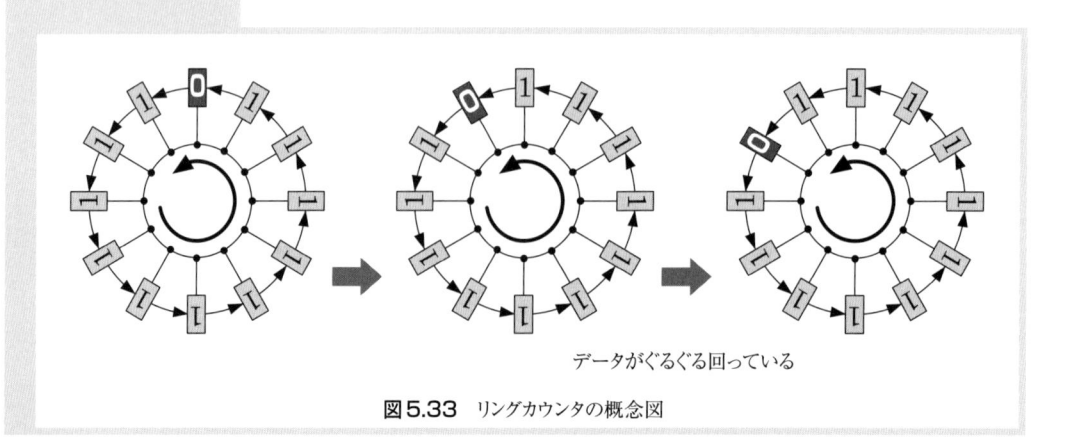

J-Kフリップフロップ回路を使って，このリングカウンタを構成した例（4段の場合）を図5.34に示します。最終段（4段目）の出力が，開始段（1段目）に戻されているのがわかります。このような回路構成をすることによって，ひとたび回路を動作させると，回路を止めない限り，ぐるぐると信号を繰り返してシフト（移動）動作をし続けるのです。

今までの説明は，おなじみのJ-Kフリップフロップ回路を使って，

データがぐるぐる回っている

図5.33 リングカウンタの概念図

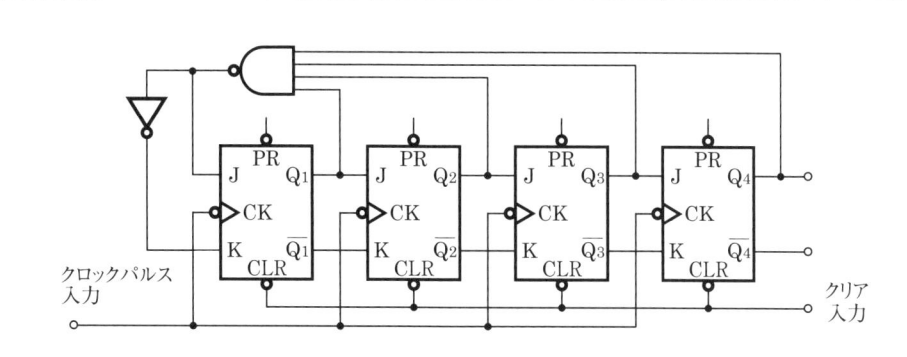

図5.34 J-Kフリップフロップ回路を使ったリングカウンタの例（4段の場合）

シフトレジスタ回路やリングカウンタ回路の構成を紹介しました。ここでDタイプのフリップフロップ回路を使用すると，回路が簡単に構成できます。はじめてDフリップフロップ回路がでてきましたので，説明しましょう。

(4) Dフリップフロップ回路を使ったシフトレジスタ

図5.35(a)にDタイプのフリップフロップ回路を鎖状に接続したシフトレジスタの基本回路を示します。

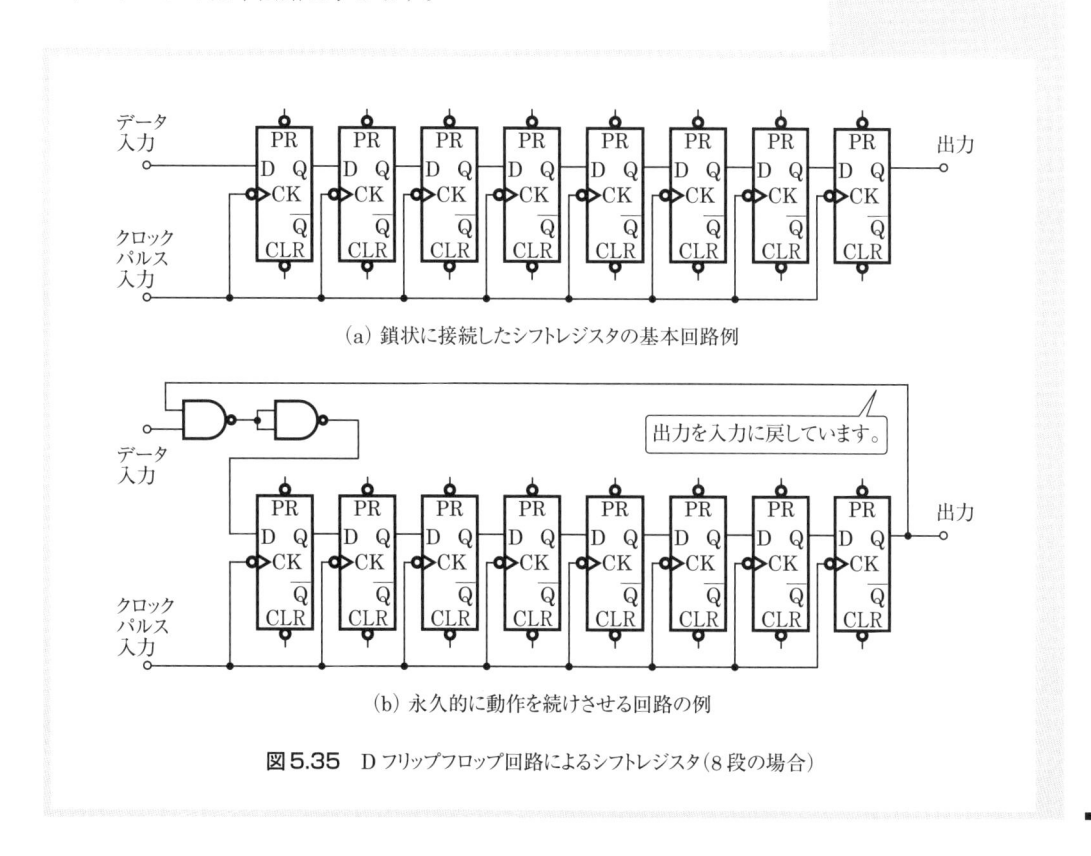

(a) 鎖状に接続したシフトレジスタの基本回路例

出力を入力に戻しています。

(b) 永久的に動作を続けさせる回路の例

図5.35 Dフリップフロップ回路によるシフトレジスタ（8段の場合）

この回路において，一番左側から右側に向かって，信号が移動します。スタートが一番左側というわけです。スタートのD入力が"1"であれば，後段に順次「レベル"1"」が送られることになります。また，スタートのD入力が"0"であれば，後段に順次「レベル"0"」が送られることになるわけです。

　この回路で，一番右側の最後の出力をスタートの入力に戻すことによって，永久的に動作を継続させることができます。その回路例を図5.35(b)に示します。これはJ-Kフリップフロップ回路でのリングカウンタ回路での説明と同じ動作です。もちろん，この回路もリングカウンタと呼ばれます。

製作編

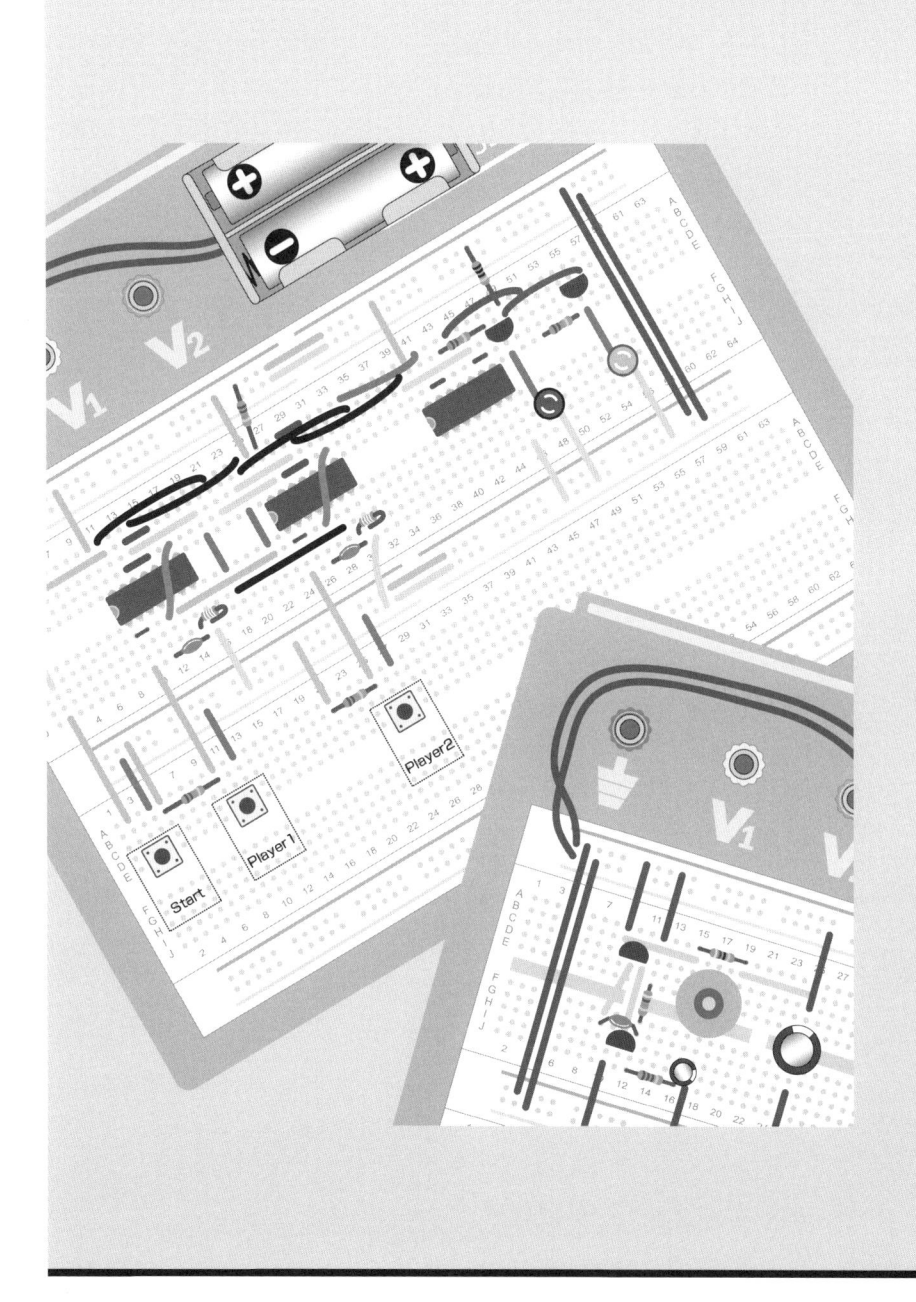

6. 回路の製作を始める前に

製作編では，ブレッドボードに電子部品を並べて回路を組み上げて，作品動作を楽しむことにしましょう。各回路は共通のブレッドボード（サンハヤト製 SRH-32 他）を使用して組み上げています。回路が完成しましたら，お好みのケースを使用して，まとめ上げるのも良いでしょう。

本編の完成見本と動作見本を動画で見ることができます。参考になると思いますので，ホームページ※をぜひご覧下さい。動画をスタートさせると，音を出したり光を出して動作確認が得られます。

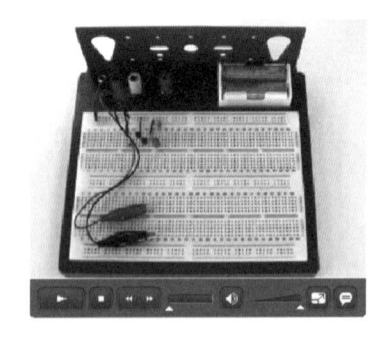

※ 巻末を参照。

(a) ホームページ　　https://shop.sunhayato.co.jp/blogs/column/sbs-101-examples

(b) 動画による回路動作

図 6.1　掲載動画の例

(1) ジャンプワイヤー

ブレッドボードでの部品間接続はジャンプワイヤーと呼ばれる線を用います。そのほとんどは，ブレッドボードに差し込む側がピン端子になっており，差し込みやすくなっています。

電池ホルダなどのリード線のより線の場合には，先端をよくねじってから，差し込むようにします。各種のジャンプワイヤーが用意されているので，用途に合わせて選ぶと良いでしょう。

(2) ジャンプワイヤーの種類

ジャンプワイヤーには「単線タイプ」と「より線タイプ」の2種類

(a) 上段がジャンプワイヤーのセット

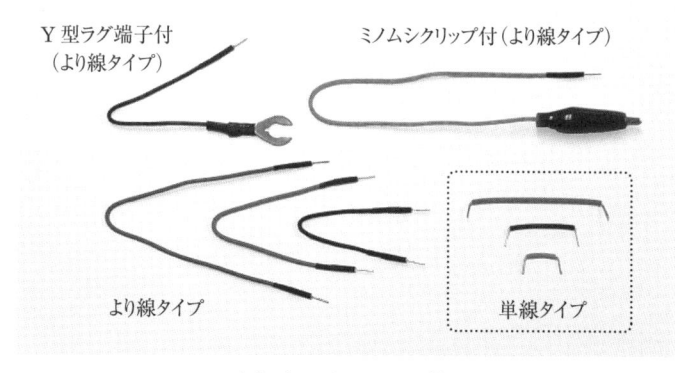

(b) ジャンプワイヤーの種類

図6.2　ジャンプワイヤー

があります。単線タイプはブレッドボードに密着して配線できるような形をしているので仕上がりがきれいになります。そのかわり，一度配線してしまうと密着しているため外しにくく，回路の変更が難しくなります。

より線タイプは配線数が多くなると，ジャンプワイヤーがブレッドボード覆い尽くすようになってしまうため仕上がりがあまりきれいではありません。そのかわり，差し替えが容易なため回路変更が簡単に行えます。

このように両タイプともそれぞれに長所，短所がありますので，使用目的に合わせて使い分けるようにしましょう。

(3) 製作に入る前の留意点

(a) 部品の配置

回路図に従ってブレッドボード上に部品を配置します。回路図の左側（回路の入力側）から順に右側（回路の出力側）へ回路をたどるように，ブレッドボードの左側から右側へ配置するとやりやすいでしょう。ブレッドボードへの部品の実装は図 6.3 の部品配置例を参考にしてください。

(b) 押ボタンスイッチ

押ボタンスイッチには，接点数や回路数の違いにより，様々な種類があります。本書の製作例に使用しているスイッチは，最も単純な構造の 1 回路 1 接点（単極単投）タイプのスイッチです。ボタンを押すと回路が接続され，離すと回路が切れます。

(c) 極性のある部品

部品の中には極性（接続する向き）のある部品があります。たとえば，ダイオード，LED，トランジスタ，スピーカ，ブザー（自励式），コンデンサマイク，電解コンデンサ，IC などです。これらの部品は極性を間違えて接続すると回路が正常に動作しません。

また，部品によっては逆の極性で接続すると壊れてしまうものもあり

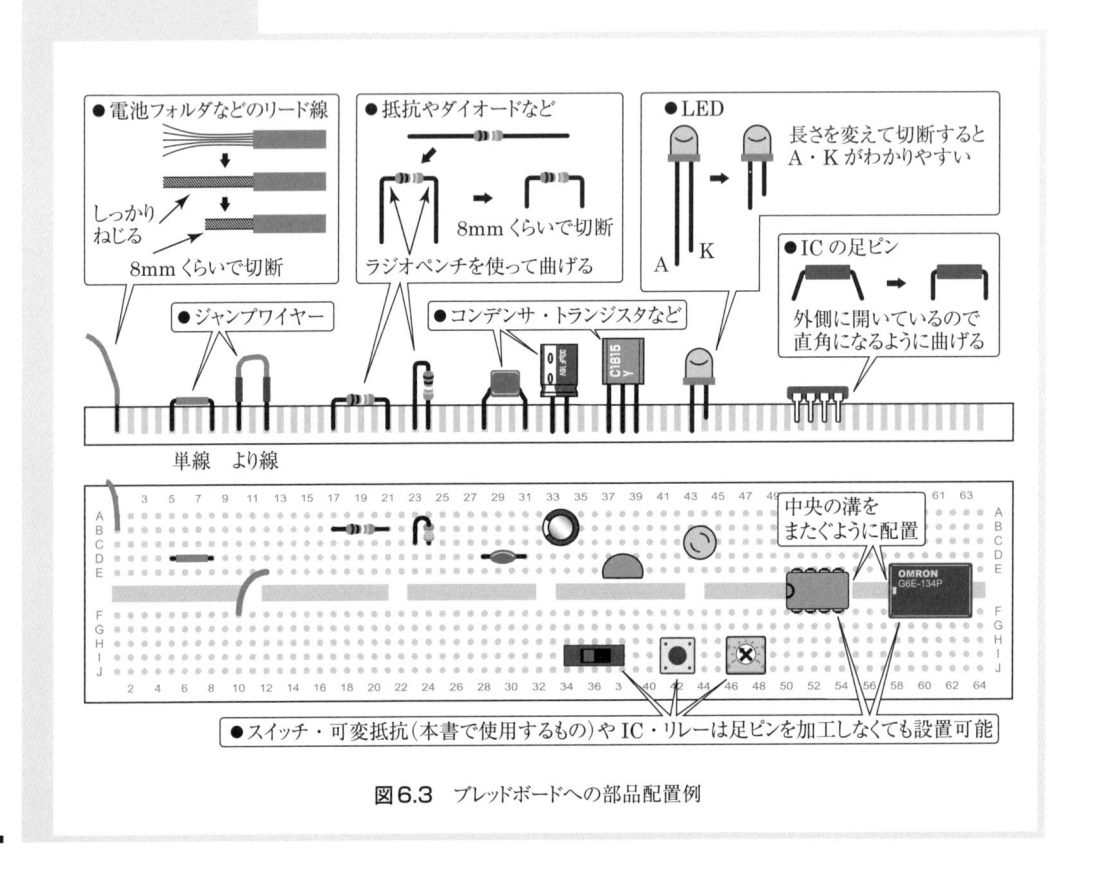

図 6.3　ブレッドボードへの部品配置例

ますので，これらの部品を取り扱うときは十分注意してください。

(d) ICの装着

新品のICのピンは外側に開いています。このままではブレッドボードに装着しにくいので，装着する前にピンを少しだけ内側に曲げておくと装着しやすいでしょう。

(e) 部品のリード線

部品を差し込む箇所を決めたら，部品のリード線を適切な長さに切ります。ブレッドボードの端子穴に差し込むリード線の長さは5〜8mm程度になりますので，この長さを加味して切ってください。

(f) 電池ボックス，電池スナップの接続

電池ボックス，電池スナップのリード線の先端がばらけないようにきつく撚ってください。先端をねじったらそのままブレッドボードの端子穴にゆっくりと差し込みます。差し込むときにリード線の先端が曲がったり，ばらけたりしないように注意してください。

(g) 単線タイプのジャンプワイヤーの長さ

単線タイプのジャンプワイヤー（SKS-390やSKS-350）を使用している場合，部品どうしを接続するときに適切な長さのジャンプワイヤーがないときがあります。こういうときは，長めのジャンプワイヤーを切って使用してください。

なお，ブレッドボードの端子穴に差し込むリード線の長さは5〜8mm程度なので，この長さを加味した長さにします。

(h) ICを使ったマイク・アンプ

コンデンサマイクはブレッドボードに差し込むことができますが，ブレッドボードに取り付けてしまうと使い勝手が悪いので，ミノムシクリップ付きジャンプワイヤー（SMP-200）を使って接続するとよいでしょう。

(i) ICの隣接するピンの接続

ICを使用する場合，隣り合うピンを接続することがあり，これには単線タイプの被覆のないジャンプワイヤーを使用します。ブレッドボード展開図では，この被覆のないジャンプワイヤーが他のジャンプワイヤーや部品の下に入ってしまってわかりにくくなっていることがあります。

ICを使った回路を組む場合は，回路図上で隣接するピンの接続があるかよく確認してください。もし，隣接するピンの接続があった場合は，接続し忘れがないように組み立ての初期の段階で接続することをお勧めします（特に「電子メトロノーム」，「流れるLED表示器」，「電子ルーレット」，「2進数3桁加算器」の場合など）。

7. LED表示トランジスタ式導通センサ

センサ部分がショート状態になった時に、LEDランプが点灯する回路です。センサ部分に水滴が付いてもLEDが点灯します。センサとしての感度を高めるために、ダーリントン接続回路を使っています。

(1) ダーリントン接続回路について

製作する回路に使用されている2個のトランジスタの接続方法は、トランジスタの総合増幅率を高める方法として使われる有名な回路です。**ダーリントン接続回路**と呼ばれています。図7.1に「ダーリントン接続回路」の説明図を示します。

このような接続をしたとき、Tr_1の直流増幅率を100、Tr_2の直流増幅率を100とすると、ダーリントン接続でのTr_1とTr_2の総合増幅率は $100 \times 100 = 10000$ となります。すごい感度のトランジスタが構成できるのです。

※(図7.1)高感度なので、入力が無いときにもトランジスタが動作してしまうなど、次第に不安定になる場合があります。これを防ぐためにベースとGNDの間に1MΩ(1/4W)程度の高抵抗を接続します(本書の回路では接続していません)。

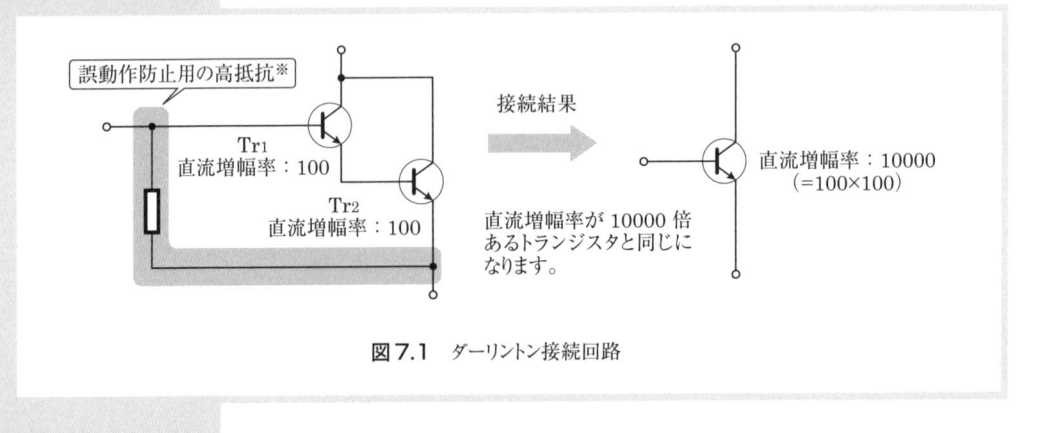

図7.1 ダーリントン接続回路

(2) 回路のブロック図

図7.2に回路のブロック図を示します。センサ端子が接触などの導通状態になると、増幅部に入力電流が供給されるため、増幅器が動作状態

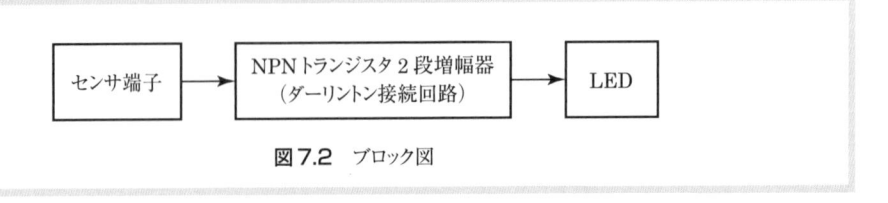

図7.2 ブロック図

になり LED がドライブされて点灯します。センサ端子が開放状態になると，増幅部の入力がなくなるため，LED は消灯します。

(3) 製作する回路図

図 7.3 に回路図を示します。トランジスタ 2 個，LED1 個，抵抗 2 個，単三乾電池 2 個（3V），乾電池ホルダ（単三 2 個用）が主な部品です。

抵抗 R_1 はセンサ電流を微小にするための抵抗です。トランジスタ Tr_1 とトランジスタ Tr_2 の回路は高増幅率を得るダーリントン接続回路ですので，微小入力でもトランジスタ Tr_2 のコレクタ電流は，充分に LED をドライブします。抵抗 R_2 は LED の制限電流値設定用の抵抗です。電源は単三乾電池 2 個（3V）です。

※ この回路は電源スイッチを省略しています。

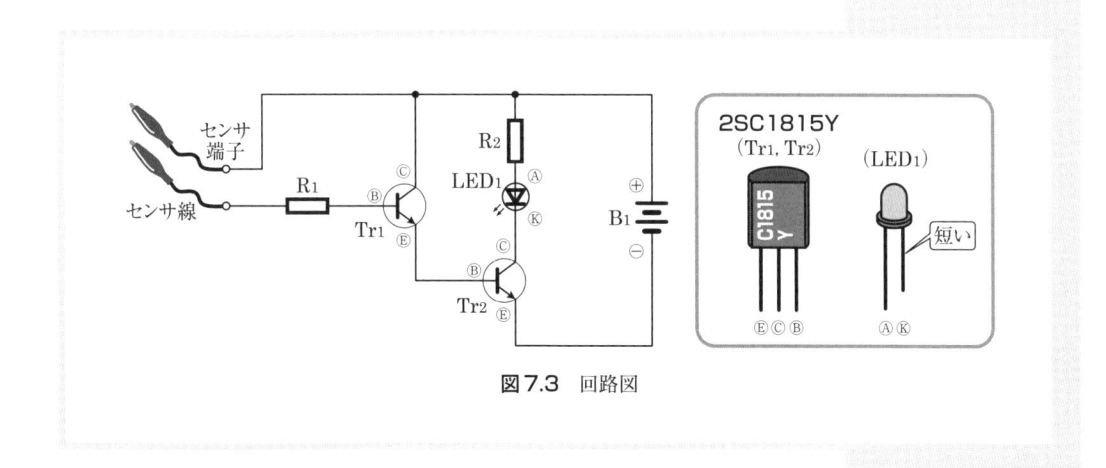

図 7.3 回路図

表 7.1 部品表

番号	部品名［表示］	型番・容量など	個数
Tr_1, Tr_2	トランジスタ（NPN 型）	2SC1815Y	2
LED_1	LED	赤（5 φ）	1
R_1	抵抗［黄紫赤金］	4.7kΩ（1/4W）	1
R_2	抵抗［青灰黒金］	68Ω（1/4W）	1
B1	単三乾電池		2
	電池ボックス	単三×2／リード付	1

(4) ブレッドボードへの実装

図 7.4 にブレッドボードに部品類を実装した展開図を示します。使用したジャンパー線の一覧を表 7.2 に示します。センサ部は，ミノムシクリップ付きワイヤを使用します。

表 7.2 使用したジャンパー線

単線	2.54	5.08	7.62	10.16	12.7	15.24	17.78
			1		2		
	20.32	22.86	25.4	50.8	76.2	101.6	127
より線	50	70	100	150	ミノムシ		合計
					2		5

(5) この回路の操作方法

　単三乾電池2本をセットして電源を接続します。センサ部となるミノムシクリップ付きワイヤのミノムシクリップ部をショートさせてLEDが点灯するのを確認します。水滴にミノムシクリップの先端部を接触した時，やはりLEDランプが点灯することを確認します。水分センサとしても機能します。

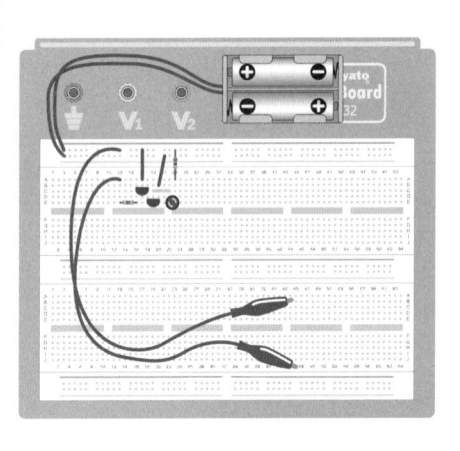

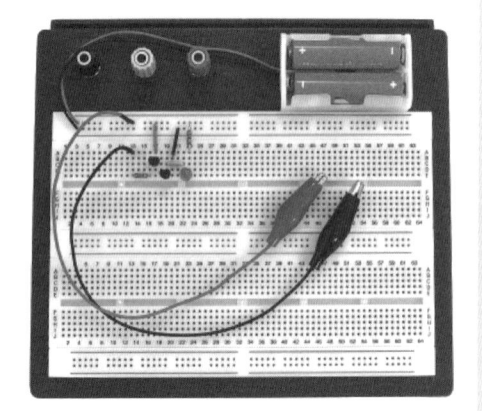

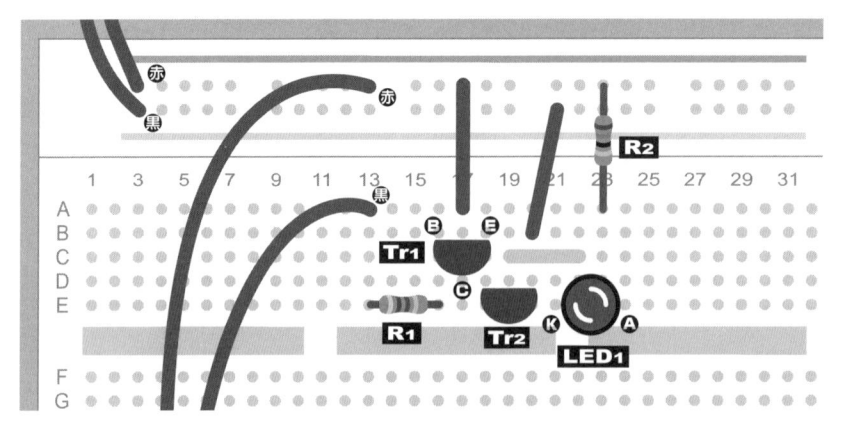

図 7.4　ブレッドボード展開図

8. トランジスタ式タイマ

スタートさせて設定時間が経過すると電子ブザーを鳴らすタイマです。コンデンサと抵抗を使用した充放電回路を利用しています。電源は単三乾電池4個（6V）使用します。

(1) 回路のブロック図

図8.1に回路のブロック図を示します。まず放電・充電スイッチを放電側にして、コンデンサによる充放電回路を放電状態にします。スイッチを充電側にすると充放電回路のコンデンサが時間調整器にしたがって、徐々に電圧を高めていきます。その上昇電圧がNPNトランジスタ2段の動作レベルに達すると、動作状態となり、ブザーを動作させて、設定時が来たことを知らせます。

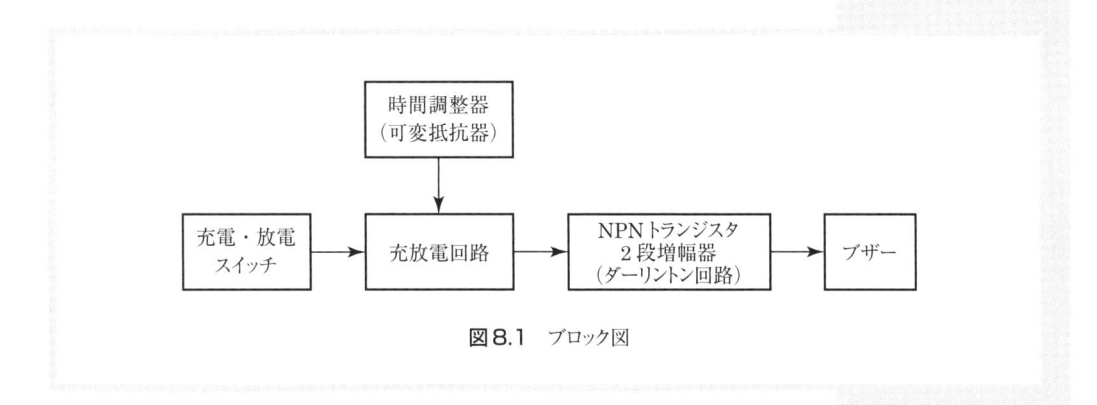

図8.1 ブロック図

(2) 製作する回路図

図8.2に回路図を示します。トランジスタ2個、電子ブザー1個、抵抗3個、可変抵抗器1個、コンデンサ1個、スライド・スイッチ1個単三乾電池4個（6V）、乾電池ホルダ（単三4個用）が主な部品です。

この回路の原理は、コンデンサと抵抗を使用した充放電回路の応用です。電源ラインを接続し、スライド・スイッチ SW_1 を放電側にスライドした後、スタート（充電）側にスライドすると、抵抗 R_1 と可変抵抗器 VR_1 を通じて電流がコンデンサ C_1 に充電されていきます。

徐々にコンデンサ C_1 の充電電圧が上昇していきます。ある時間（ト

図8.2 　回路図

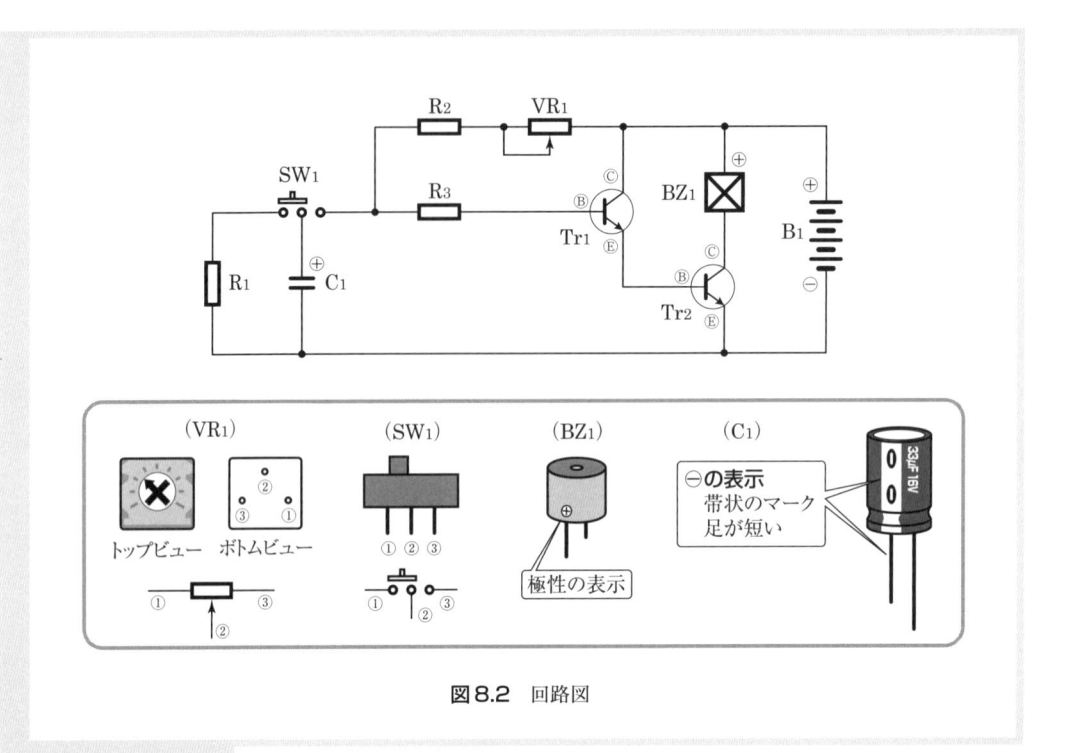

ランジスタ Tr_1 が動作する電圧)に達すると，抵抗 R_3 を通じてコンデンサ C_1 からトランジスタ Tr_1 のベースに電流が流れ込みます。そこでトランジスタ Tr_1 が動作すると，トランジスタ Tr_1 のエミッタからトランジスタ Tr_2 のベースに電流が流れ込み，したがってトランジスタ Tr_2 が動作を行い，トランジスタ Tr_2 のコレクタとエミッタ間が導通状態となります。

トランジスタ Tr_2 のコレクタとエミッタ間が導通すると，電子ブザー BZ_1 に電流が流れて，電子ブザー BZ_1 が動作して音を出します。5V 用か 6V 用のものを選びます。この回路のコンデンサ C_1 や可変抵抗 VR_1 の値を大きくすると，タイマの設定時間を長くすることができます。

抵抗 R_1 は，コンデンサ C_1 を放電した時にコンデンサ C_1 から大きな電流が流れ出すのを弱めるために入れた抵抗です。

電子ブザー BZ_1 の代わりに，リレーや LED を使うこともできます。試してみるとよいでしょう。

表8.1 部品表

番号	部品名[表示]	型番・容量など	個数
Tr_1, Tr_2	トランジスタ(NPN型)	2SC1815Y	2
C_1	電解コンデンサ	2200μF (16WV)	1
VR_1	可変抵抗	1M (B型)	1
R_1	抵抗[茶黒黒金]	10Ω (1/4W)	1
R_2, R_3	抵抗[黄紫赤金]	4.7kΩ (1/4W)	2
BZ_1	電子ブザー	6V	1
SW_1	スライドスイッチ	単極双投(ON-ON)タイプ, ICピッチ	1
B1	単三乾電池		4
	電池ボックス	単三×4/リード付	1

(3) ブレッドボードへの実装

図8.4にブレッドボードに部品類を実装した展開図を示します。使用したジャンパー線の一覧を表8.2に示します。

表8.2 使用したジャンパー線

単線	2.54	5.08	7.62	10.16	12.7	15.24	17.78
	2			2	2	1	1
	20.32	22.86	25.4	50.8	76.2	101.6	127
			1	2			
より線	50	70	100	150	ミノムシ		合計
							11

(4) この回路の操作方法

単三乾電池4本をセットして電源を接続します.スライド・スイッチ SW_1 を,「放電」側にしてから「充電」側にスライドさせます.可変抵抗器 VR_1 のセット値に応じた時間経過で,電子ブザー BZ_1 が鳴り出します.可変抵抗器のセット・ポイントは,あらかじめ動作させて,時間を測定しておいて確認しておきます.

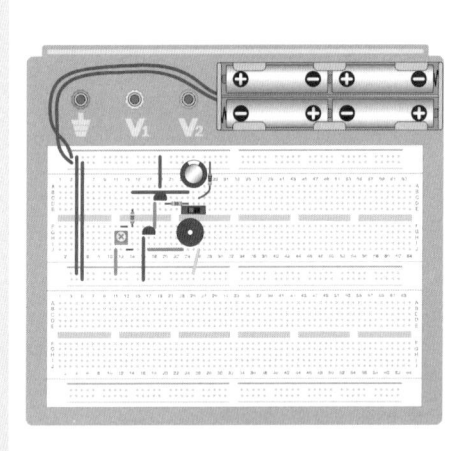

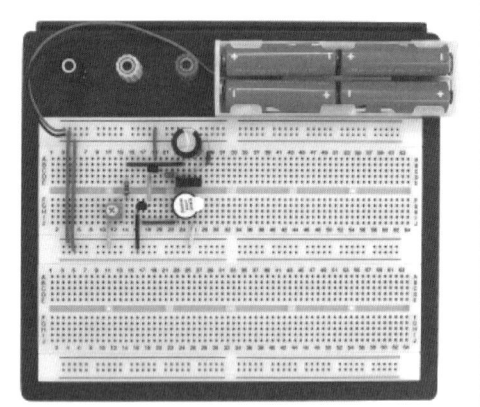

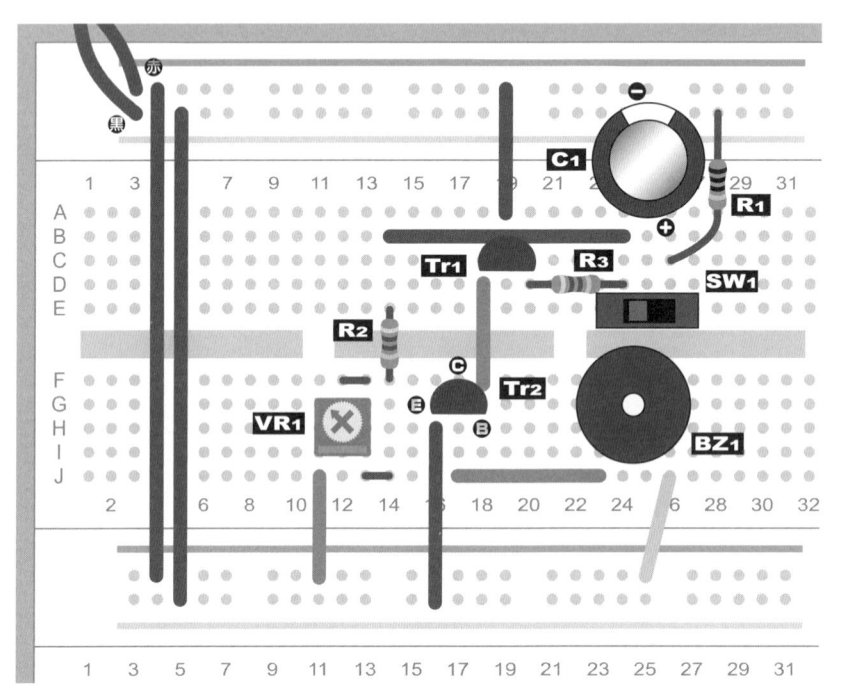

図8.3　ブレッドボード展開図

9. LED 交互点滅器

2個のLEDが交互に点滅する回路です。トランジスタ2個を使用したマルチ・バイブレータ回路を使っています。トランジスタを使った，基本的な発振回路実験ができます。

(1) 回路のブロック図

図9.1に回路のブロックを示します。2個のNPNトランジスタを交互に働かせて，それぞれのLEDを点滅させています。

まず始めに，Tr_1が動作しているとします。LED_1が点灯します。すると充放電回路②が放電から充電方向に移り，トランジスタTr_2を動作させて，LED_2を点灯させます。

Tr_2が動作すると，充放電回路①が放電から，充電方向にうつり，今度はTr_1を動作させてLED1を点灯させて，開始の状態に戻り，動作を交互に繰り返します。

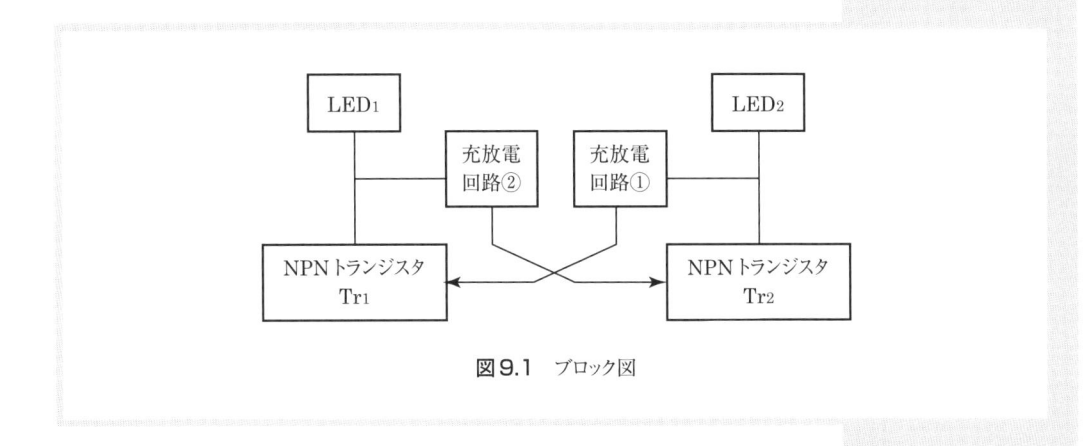

図9.1 ブロック図

(2) 製作する回路図

図9.2に「LED交互点滅器」の回路図を示します。トランジスタ2個，LED2個，抵抗4個，コンデンサ2個，単三乾電池2個（3V），乾電池ホルダ（単三2個用）1個が主な部品です。

トランジスタを使用した，マルチ・バイブレータ応用回路を説明しましょう。まず，はじめにトランジスタTr_1が動作をしてコレクタとエミッ

図9.2 回路図

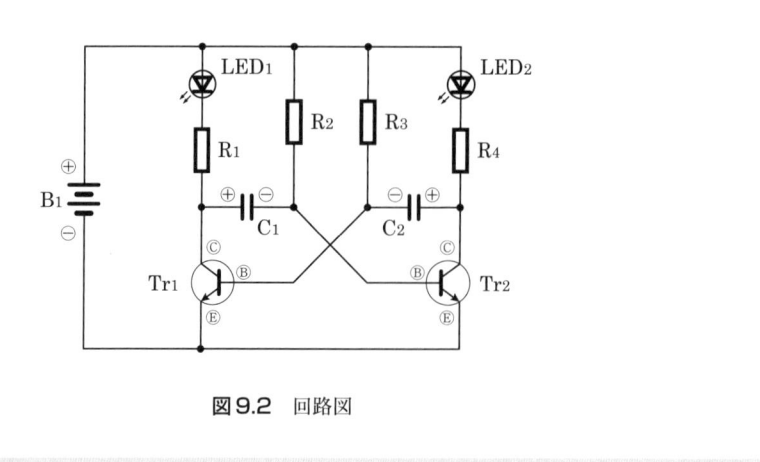

タ間が導通状態になっているとします。

トランジスタ Tr_2 は，コンデンサ C_1 によってベースが逆方向（OFF方向）になるので，非導通状態になります。この時，コンデンサ C_1 は，抵抗 R_2 を通じて電源電圧に向かって充電してくるので，トランジスタ Tr_2 のベース電圧は上昇してきます。

トランジスタの Tr_2 のベース電圧が 0.7V 付近になると，トランジスタ Tr_2 は導通状態となり，今度はコンデンサ C_2 を通じて，トランジスタ Tr_1 が非導通状態になります。

次に抵抗 R_3 を通じてコンデンサ C_2 が充電状態となり，トランジスタ Tr_1 が導通状態となって反対にトランジスタ Tr_2 が非導通状態になります。

この交互動作によって，トランジスタ Tr_1 とトランジスタ Tr_2 のコレクタ側に入れられてある LED_1 と LED_2 が交互に点灯したり消灯したりします。

抵抗 R_1 と R_4 は LED の制限電流設定用で，抵抗値を小さくすると，LED の輝度が上がります。LED に流れる電流値は，20mA 以下にします。

コンデンサ C_1 と C_2 の値を同時に小さくすると，交互に切り替わる速度が速まります。

表 9.1　部品表

番号	部品名［表示］	型番・容量など	個数
Tr_1, Tr_2	トランジスタ	2SC1815Y	2
LED_1, LED_2	LED	赤（5φ）	2
C_1, C_2	電解コンデンサ	10μF（16WV）	2
R_1, R_4	抵抗［茶黒茶金］	100Ω（1/4W）	2
R_2, R_3	抵抗［黄紫橙金］	47kΩ（1/4W）	2
B1	単三乾電池		2
	電池ボックス	単三×2／リード付	1

(3) ブレッドボードへの実装

図 9.3 にブレッドボード（サンハヤト製 SRH-32）に部品類を実装した，展開図を示します。使用したジャンパー線一覧を表 9.2 に示します。

表 9.2　使用したジャンパー線

	2.54	5.08	7.62	10.16	12.7	15.24	17.78
単線						6	2
	20.32	22.86	25.4	50.8	76.2	101.6	127
				2			
より線	50	70	100	150	ミノムシ		合計
							10

(4) この回路の操作方法

単三乾電池 2 本を乾電池ホルダにセットします。電源が入ると同時に 2 個の LED が交互に点灯・消灯を自動的に繰り返します。

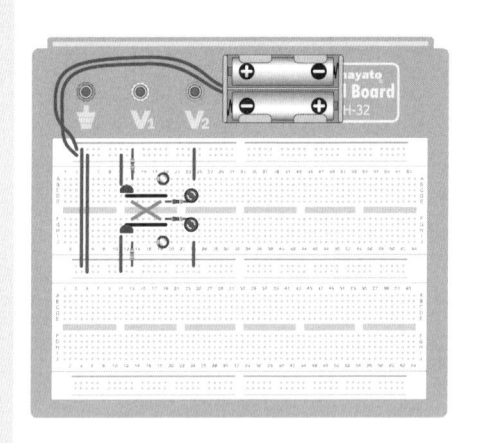

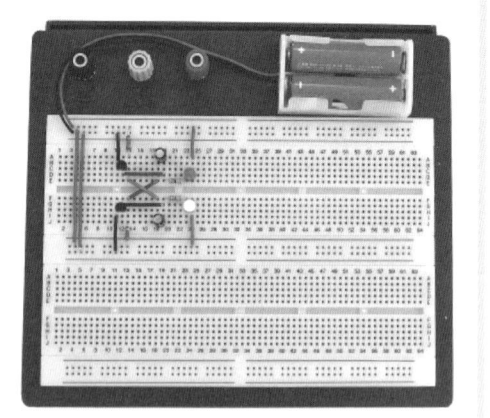

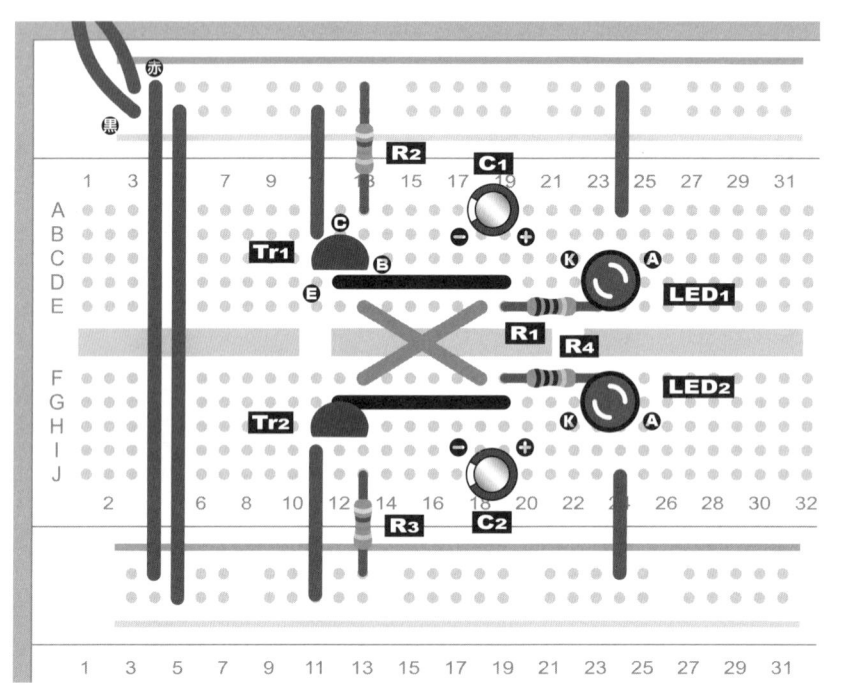

図9.3　ブレッドボード展開図

10. 小鳥のさえずり声発生器

　小鳥のさえずり声（チ・チ・チ……）を発生する回路です。色々な発生方法がありますが，本器では，構成が簡単な「弛張発振回路」を用いました。簡単に小鳥のサエズリ風の音が出るものです。

(1) 弛張発振回路

　弛張発振回路は，PNP 型トランジスタと NPN 型トランジスタを組み合わせた回路です。弛張発振の基本回路について説明しましょう。

　基本回路を図 10.1 に示します。最初に，コンデンサ C が放電しているとします。電源が入ると，抵抗 R を通じてコンデンサ C が充電を始めます。充電電圧が NPN トランジスタ Tr_1 の動作状態になる値に達すると，トランジスタ Tr_1 が動作を始め，トランジスタ Tr_1 のコレクタがアース電位近くまで下がります。その結果，NPN 型トランジスタ Tr_2 のベースがアース電位近くまで下がり，今度はトランジスタ Tr_2 が動作状態となります。すると，トランジスタ Tr_2 のコレクタが＋電位を生じるので，コンデンサ C のアース電極側に＋電位が与えられることになり，コンデンサ C は放電状態となります。

　この状態になることは，はじめの状態に戻るわけですから，これらの動作が繰り返して行われることになります。

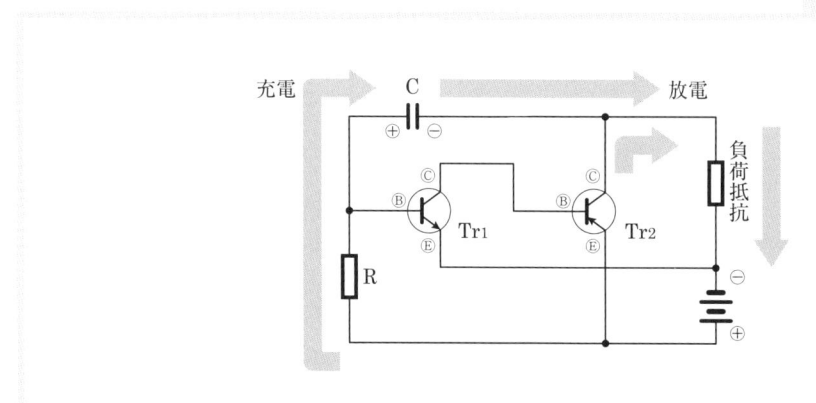

図 10.1　弛張発振の基本回路

(2) 回路のブロック図

図 10.2 に「小鳥さえずり声発生器」の回路ブロック図を示します。NPN トランジスタと PNP トランジスタを組み合わせて弛張発振回路を作り、その発振回路に間欠動作をさせるための、コンデンサ（C）と抵抗（R）を組み合わせた充放電回路を取り付けています。

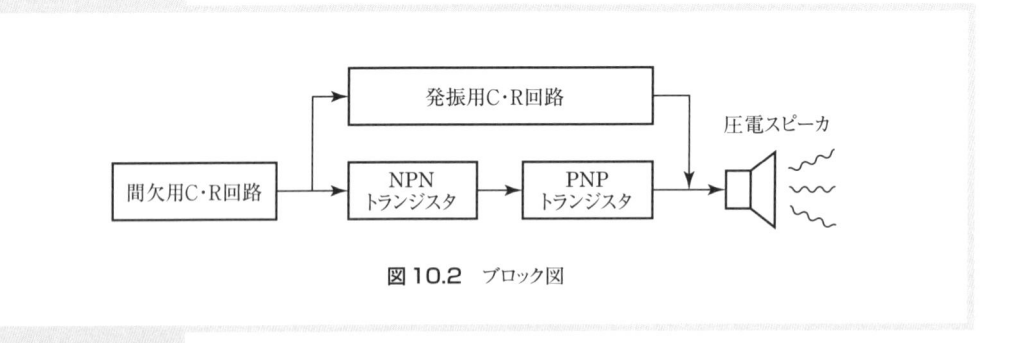

図 10.2　ブロック図

(3) 製作する回路図

製作する回路を図 10.3 に示します。トランジスタ 2 個、抵抗 3 個、コンデンサ 3 個、圧電スピーカ 1 個、乾電池 2 個（3V）、乾電池ホルダ（単三 2 個用）1 個が主な構部品成です。回路は、低周波トランスを使用しない弛張発振回路で、圧電スピーカを鳴らせています。

おもな回路は、図 10.1 の基本回路と同じですが、Tr_1 のベースに抵抗 R_1 とコンデンサ C_1 の直列接続した充放電回路を追加してあり、この回路によって、ピヨ・ピヨの断続効果を得ています。圧電スピーカ X_1 は、負荷抵抗 R_3 に並列接続して、負荷抵抗 R_3 の両端に生ずる電圧変化を音に出します。コンデンサ C_3 は、簡単な電源 B_1 の安定化用ですが、接続しなくても構いません。

図 10.3　回路図

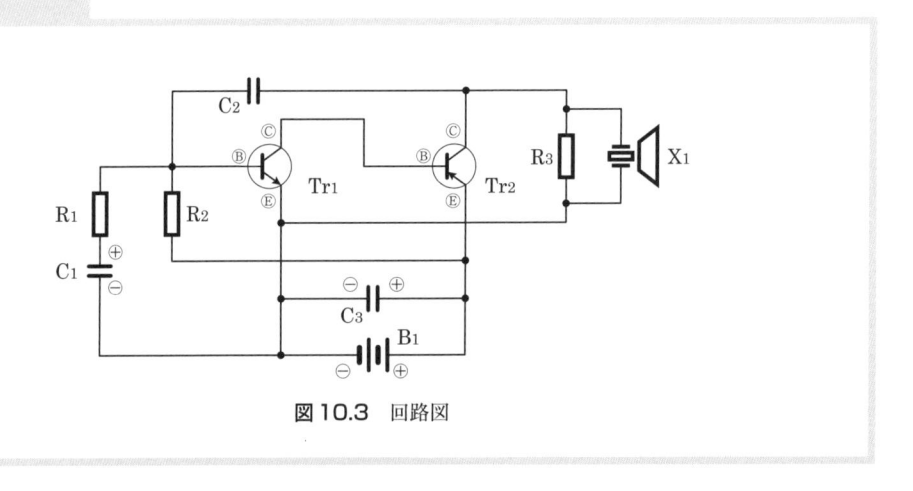

表10.1 部品表

番号	部品名［表示］	型番・容量など	個数
Tr_1	トランジスタ（NPN型）	2SC1815Y	1
Tr_2	トランジスタ（PNP型）	2SA1015Y	1
C_1	電解コンデンサ	100μF（16WV）	1
C_2	コンデンサ［104］	0.1μF	1
C_3	電解コンデンサ	470μF（16WV）	1
R_1	抵抗［赤赤赤金］	2.2kΩ（1/4W）	1
R_2	抵抗［黄紫橙金］	47kΩ（1/4W）	1
R_3	抵抗［黄紫茶金］	470Ω（1/4W）	1
X_1	圧電スピーカ	PKM17EPPH4001-B0〈村田製作所〉	1
B1	単三乾電池		2
	電池ボックス	単三×2／リード付	1

(4) ブレッドボードへの実装

図10.4にブレッドボードに部品類を実装した展開図を示します。使用したジャンパー線の一覧を表10.2に示します。

表10.2 使用したジャンパー線

	2.54	5.08	7.62	10.16	12.7	15.24	17.78
単線					10		
	20.32	22.86	25.4	50.8	76.2	101.6	127
				2			
より線	50	70	100	150	ミノムシ		合計
							12

(5) この回路の操作方法

製作が完了しましたら，「小鳥のさえずり声発生器」を操作してみましょう．単三乾電池2本をホルダに入れます．電源ラインを接続しますと，圧電スピーカから「チ・チ・チ……」といったさえずり音が鳴り出します．さえずりの繰り返しスピードは，抵抗R_1とコンデンサC_1のどちらか一方を変えれば変化できます．どちらも値を小さくすれば，スピードが速くなります．

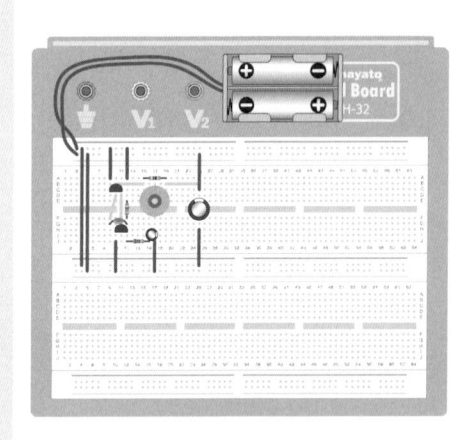

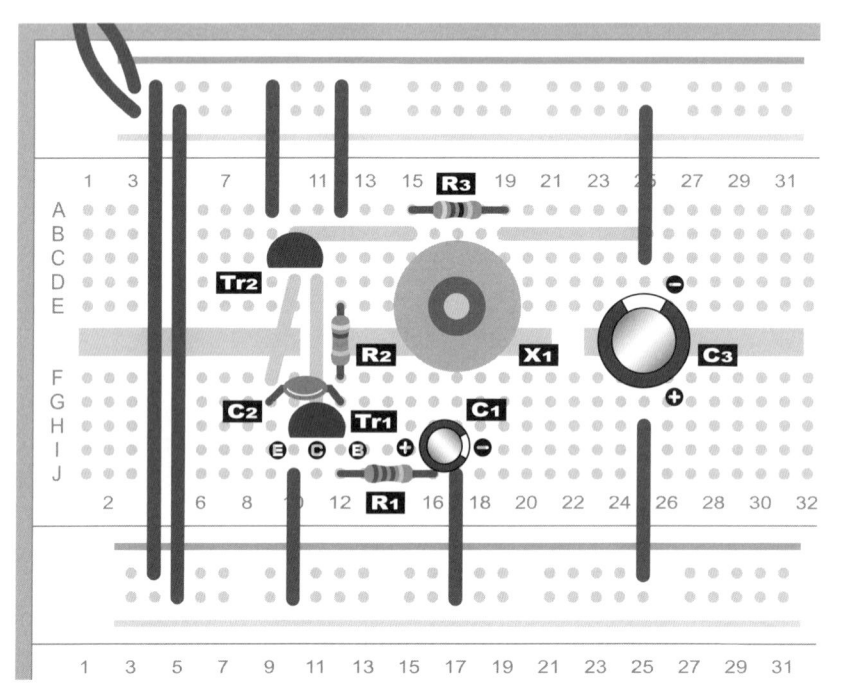

図10.4 ブレッドボード展開図

11. フォト・トランジスタを使用した光センサ

センサ素子にフォト・トランジスタを使用した，高感度な光センサです。センサ出力に小型リレーを使用して，外部装置に利用できるようにしています。

(1) 回路のブロック図

図 11.1 に回路のブロック図を示します。光を受けると電流増幅をする「フォト・トランジスタ」を「感度調整」し，その出力を高感度増幅のダーリントン接続回路に送り，出力デバイスとなるリレーをコントロールします。

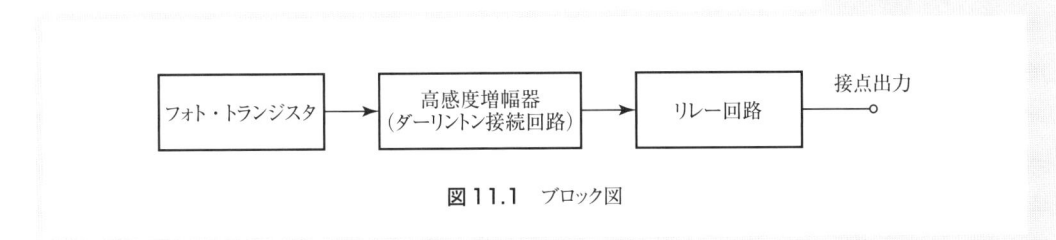

```
フォト・トランジスタ → 高感度増幅器（ダーリントン接続回路） → リレー回路 → 接点出力
```

図 11.1 ブロック図

※ ダーリントン接続回路：p.60 参照。

(2) 製作する回路図

図 11.2 に回路図を示します。フォト・トランジスタ 1 個，NPN トランジスタ 2 個，シリコン・ダイオード 1 個，リレー 1 個，抵抗 3 個，可変抵抗器 1 個，コンデンサ 1 個，単三乾電池 4 個（6V），乾電池ホルダ（単三 4 個用）がおもな部品です。

光がフォト・トランジスタ PT_1 に照射されると，PT_1 内に電流が流れ出します。PT_1 は抵抗 R_1 と可変抵抗器 VR_1 で感度調整されて，エミッターから出力され抵抗 R_2 を通じてトランジスタ Tr_1 のベースに与えられます。すると Tr_2 のベースに電流が流れ込み，リレー RY_1 を動作させます。リレー RY_1 が動作するとリレー接点が切り替わり，COM 接点と NO 接点が接続されます。

フォト・トランジスタ PT_1 に光が照射されなくなると，PT_1 はオフ状態となり，トランジスタ Tr_1 と Tr_2 がともにオフとなるために，リレー RY_1 は動作を止めます。

※ COM（コモン）：共通接点のこと。
※ NO（ノーマリー・オープン）：リレーが動作していないときに開いている接点のこと。

図11.2 回路図

リレー RY_1 が不動作状態になると，COM 接点は NC 接点に接続されます。外部装置の動作条件に合わせて，接続する接点を選ぶようにします。

コンデンサ C_1 は，光学的な外来ノイズの除去用です。リレー RY_1 のコイル電極に入れてあるダイオード D_1 は，リレー RY_1 がオフした時に発生する逆起電力を阻止して，トランジスタ Tr_2 を保護するために入れてあります。

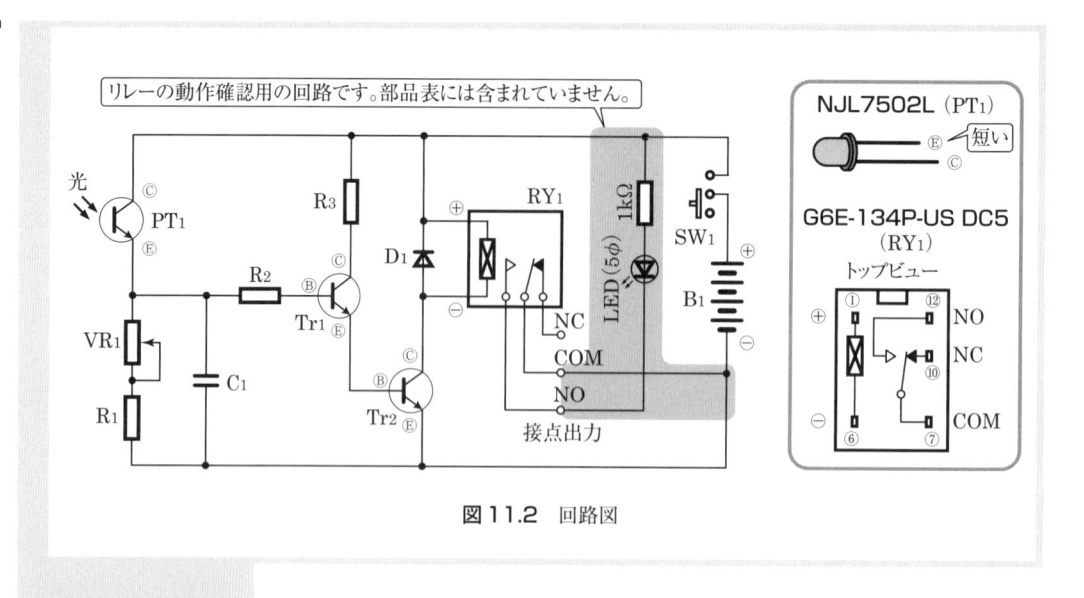

※ NC (ノーマリー・クローズド)：リレーが動作していないときに閉じている接点のこと。NO 接点とは逆の動作をします。

表 11.1 部品表

番号	部品名 [表示]	型番・容量など	個数
Tr_1, Tr_2	トランジスタ (NPN 型)	2SC1815Y	2
PT_1	フォト・トランジスタ	NJL7502L〈JRC〉	1
D_1	ダイオード	1S2076A	1
C_1	コンデンサ [104]	0.1μF	1
VR_1	可変抵抗	1MΩ (B 型)	1
R_1, R_2	抵抗 [茶黒黄金]	100kΩ (1/4W)	2
R_3	抵抗 [黄紫赤金]	4.7kΩ (1/4W)	1
RY_1	リレー	G6E-134P-US DC5〈オムロン〉	1
SW_1	スライドスイッチ	単極双投 (ON-ON) タイプ，IC ピッチ	1
B_1	単三乾電池		4
	電池ボックス	単三×4 / リード付	1

(3) ブレッドボードへの実装

図 11.3 にブレッドボードに部品類を実装した展開図を示します。使用したジャンパー線の一覧を表 11.2 に示します。

表 11.2 使用したジャンパー線

	2.54	5.08	7.62	10.16	12.7	15.24	17.78
単線	1		1		4		1
	20.32	22.86	25.4	50.8	76.2	101.6	127
				1			
より線	50	70	100	150	ミノムシ		合計
							8

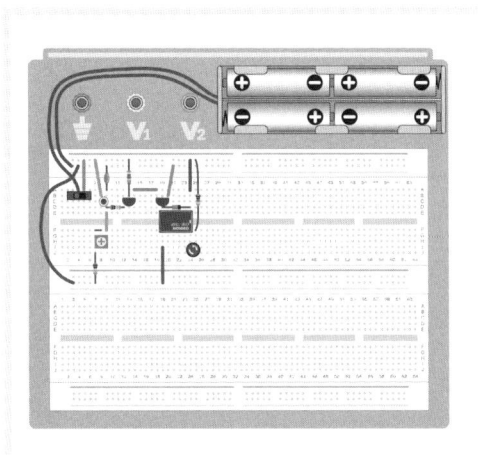

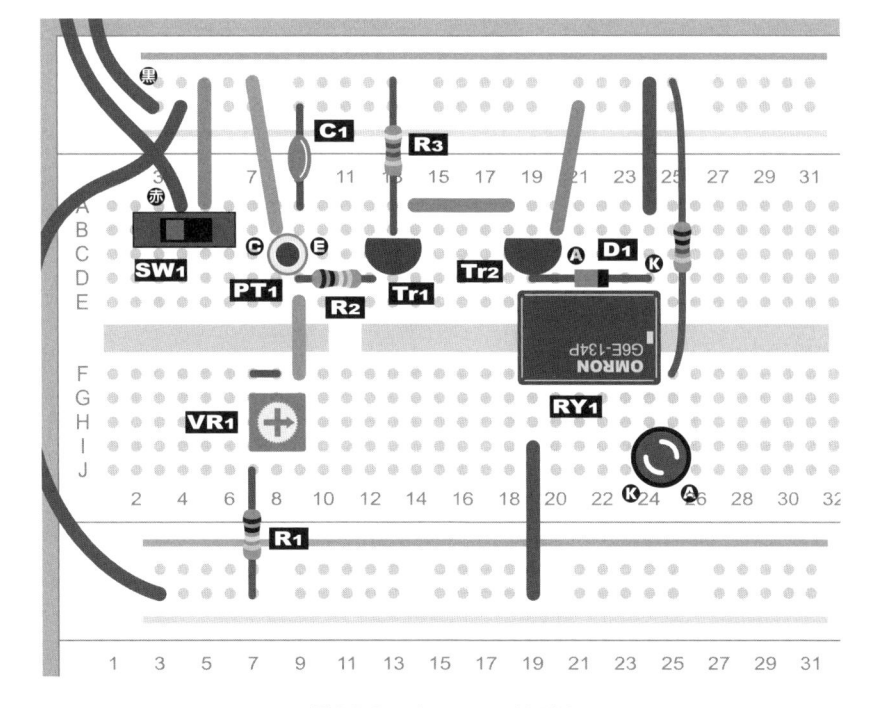

図 11.3 ブレッドボード展開図

(4) この回路の操作方法

　単三乾電池4本をセットして電源スイッチSW_1をONにします。可変抵抗器VR_1を回転して，フォト・トランジスタPT_1に光を照射しない時にはリレーRY_1が動作しないように調整します。後はフォト・トランジスタPT_1に光を当てればリレーRY_1が動作します。

　外光の影響を防ぐには，フォト・トランジスタPT_1に紙筒を装着すると良いでしょう。

12. タイマIC「555」を使ったタッチ・センサ

指先をセンサ部に触れると，リレーが動作する回路です。リレー接点部にLEDや電子ブザーを付けると応用範囲が広がります。

(1) 回路のブロック図
図12.1に回路のブロック図を示します。タッチ接点部で指が触れると，接触動作を増幅し，ICタイマ回路（モノステーブル・マルチバイブレータ：単安定発振回路）をスタートさせて，可変抵抗器で設定した時間リレーを動作させるものです。

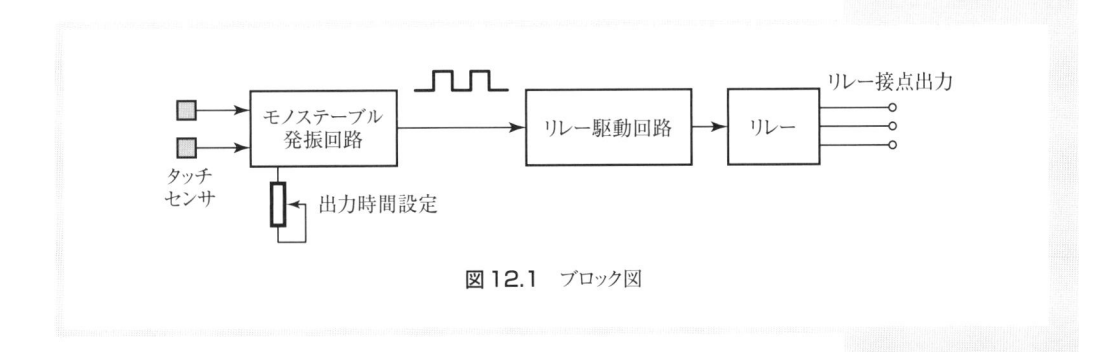

図12.1 ブロック図

(2) 製作する回路図
図12.2に回路図を示します。IC1個，トランジスタ3個，ダイオード1個，リレー1個，抵抗4個，可変抵抗器1個，コンデンサ2個，単三乾電池4個（6V），乾電池ホルダ（単三4個用）がおもな部品です。

この回路では，タイマIC「555」のモノステーブル・モード回路を利用しています。

タッチ接点に手の指が触れると，抵抗 R_1 を通じて電源からの微小電流がトランジスタ Tr_1 のベースに与えられます。トランジスタ Tr_1 はトランジスタ Tr_2 とダーリントン接続回路※を構成しています。このダーリントン回路の出力信号が，トランジスタ Tr_2 のコレクタ電位が0Vとして，タイマ IC_1 端子ピン②に与えられます。

すると，IC_1 は出力端子ピン③から，時間設定に応じた期間，ハイ・レベル（＋電位）の信号を発生します。この出力信号は抵抗 R_5 を通じ

※ ダーリントン接続回路：p.60参照。

図12.2 回路図

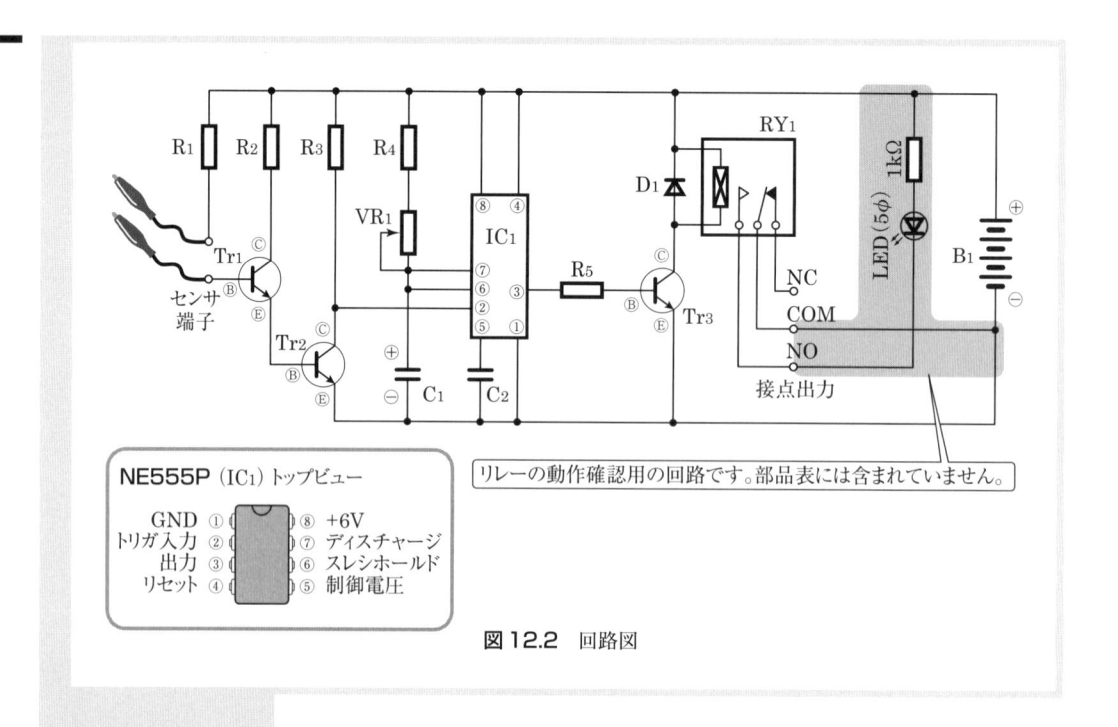

NE555P（IC₁）トップビュー
- GND ①　　⑧ +6V
- トリガ入力 ②　　⑦ ディスチャージ
- 出力 ③　　⑥ スレシホールド
- リセット ④　　⑤ 制御電圧

※555：p.19参照。

てトランジスタ Tr_3 を動作させ，IC_1 の動作期間中リレー RY_1 を動作させます。

ここで，図4.3に示す時間設定において

$$t\,[秒] = 1.11 \cdot R \cdot C$$

の算出式から，可変抵抗器 VR_1 が最小（0Ω）の時には，抵抗 R_4（10kΩ）だけの値になります。C の値は 47μF ですので，

$$t_{(VR最小)} = 1.1 \times (10 \times 10^3) \times (47 \times 10^{-6}) = 約\,0.5\,秒$$

また，可変抵抗器 VR_1 が最大（500kΩ）になったときの時間は，

$$t_{(VR最大)} = 1.1 \times \{(500+10) \times 10^3\} \times (47 \times 10^{-6}) = 約\,26\,秒$$

となり，約0.5～26秒程度までの時間設定ができるわけです。この時間でリレーが動作します。

表12.1　部品表

番号	部品名[表示]	型番・容量など	個数
IC_1	IC（タイマIC）	NE555P	1
$Tr_1 \sim Tr_3$	トランジスタ（NPN型）	2SC1815Y	3
D_1	ダイオード	1S2076A	1
C_1	電解コンデンサ	47μF（16WV）	1
C_2	コンデンサ[103]	0.01μF	1
VR_1	可変抵抗	500kΩ（B型）	1
R_1	抵抗[茶黒黄金]	100kΩ（1/4W）	1
R_2, R_3	抵抗[赤赤赤金]	2.2kΩ（1/4W）	2
R_4	抵抗[茶黒橙金]	10kΩ（1/4W）	1
R_5	抵抗[茶黒赤金]	1kΩ（1/4W）	1
RY_1	リレー	G6E-134P-US DC5〈オムロン〉	1
B1	単三乾電池		4
	電池ボックス	単三×4／リード付	1

(3) ブレッドボードへの実装

図12.3にブレッドボードに部品類を実装した展開図を示します。使用したジャンパー線一覧を表12.2に示します。

表12.2　使用したジャンパー線

単線	2.54	5.08	7.62	10.16	12.7	15.24	17.78
	2		2	1	4	7	
	20.32	22.86	25.4	50.8	76.2	101.6	127
				2			
より線	50	70	100	150	ミノムシ	合計	
					2	20	

(4) この回路の操作方法

単三乾電池4本をセットして電源を接続します。タッチ接点部を指先で触れると，リレー RY_1 が「カチッ！」と音を出してリレー接点を切り替えます。

リレー接点の組み合わせを目的に合わせて選びます。リレー RY_1 が動作した時，リレー接点が接続させたい場合にはCOM接点とNO接点を使います。逆にリレー RY_1 が動作した時，リレー接点を切りたい場合にはCOM接点とNC接点を使います。

リレー RY_1 の動作持続時間設定用の可変抵抗器 VR_1 を，回転してお好みの時間に設定をします。

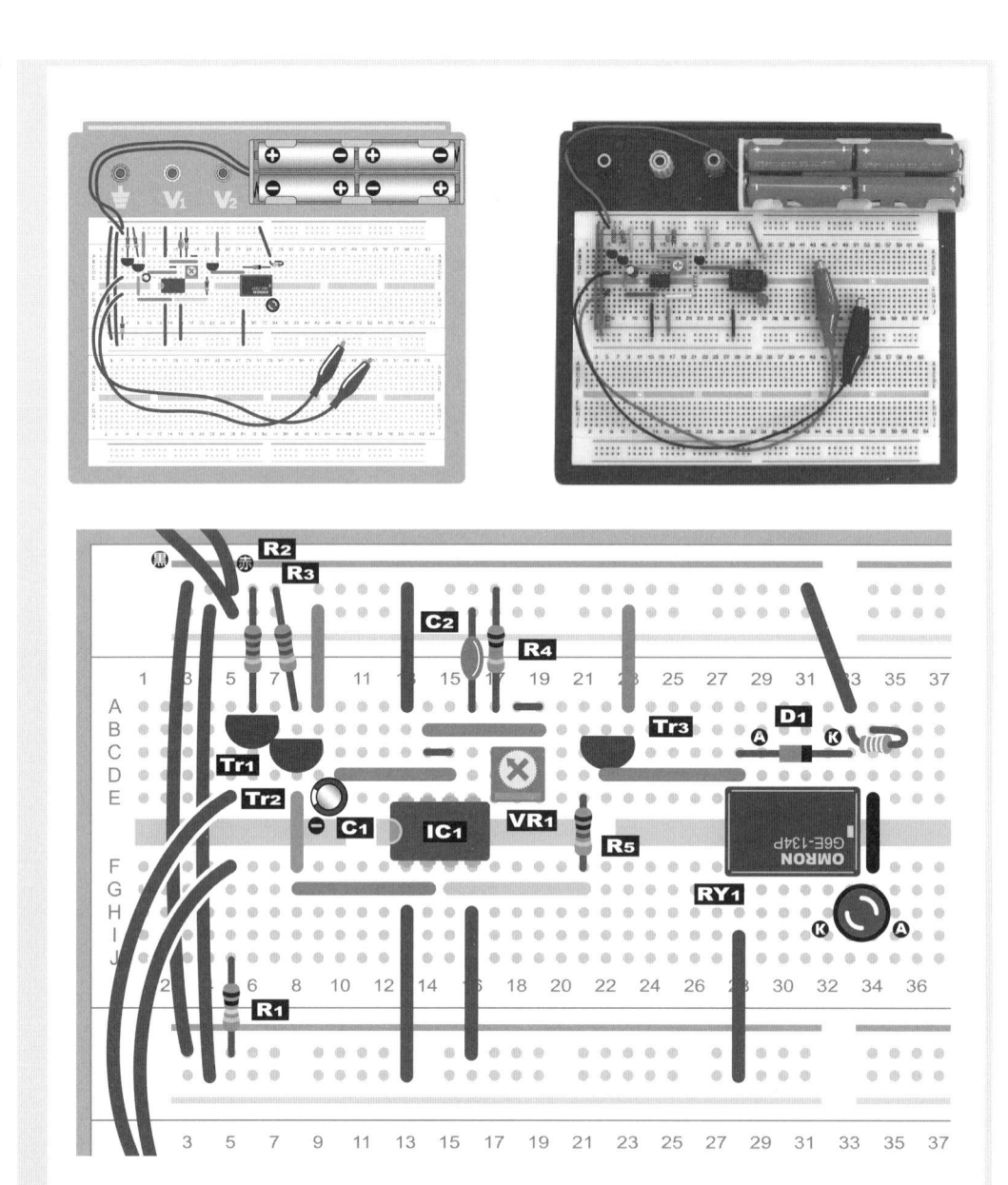

図12.3 ブレッドボード展開図

13. CMOS・IC を使った警報音発生器

NAND 回路の CMOS・IC を使用した「警報音発生器」の製作です。二色の音色を出す警報音を発生する発振器です。

(1) 基本的な発振回路

基本的な発振回路を図 13.1 に示します。この回路で，抵抗 R とコンデンサ C の値を増減することで，発振周波数を変化させることができます。抵抗 R とコンデンサ C の値は常に 2 個とも同じ値にしておきます。

抵抗 R の値を小さくしたり，コンデンサ C の値を小さくすると，発振周波数は高くなります。逆に抵抗 R の値を大きくしたり，コンデンサ C の値を大きくすると，発振周波数は低くなります。

これから製作する回路は，これらの抵抗 R やコンデンサ C の値を変えて，周波数が高い音響発生用の信号源を作ったり，周波数が非常に低いスイッチング用パルス信号を発生させたりして交互に音を出すものです。

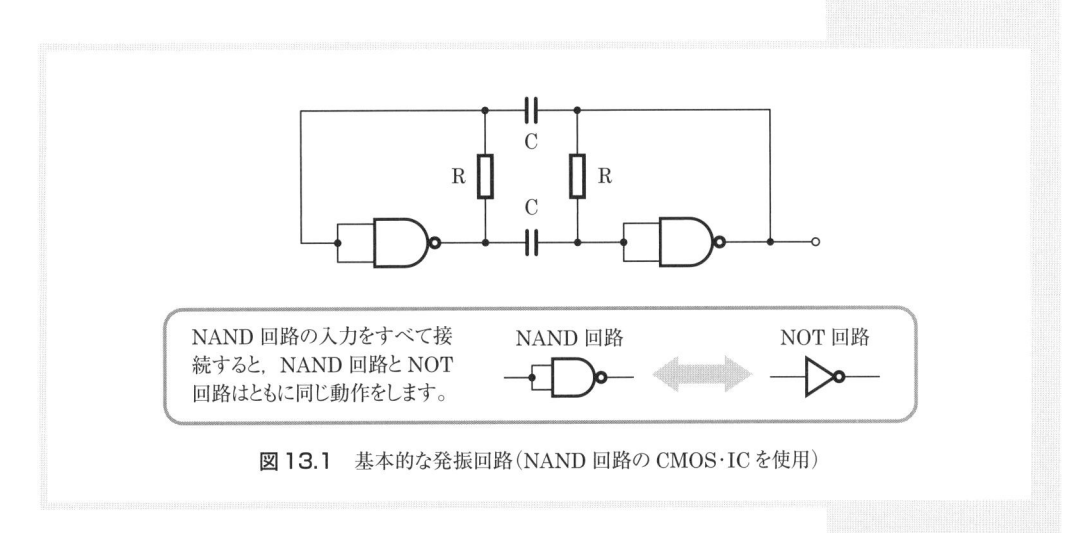

NAND 回路の入力をすべて接続すると，NAND 回路と NOT 回路はともに同じ動作をします。

図 13.1 基本的な発振回路(NAND 回路の CMOS・IC を使用)

(2) 音響発振器

図 13.2(a) に示される回路は，ピーという音を発生するもので，警報器の音源として利用できます。「防犯用」，「お風呂ブザー」，「雨降り警報」などの応用ができます。音の周波数は，IC2 個の間に入れられて

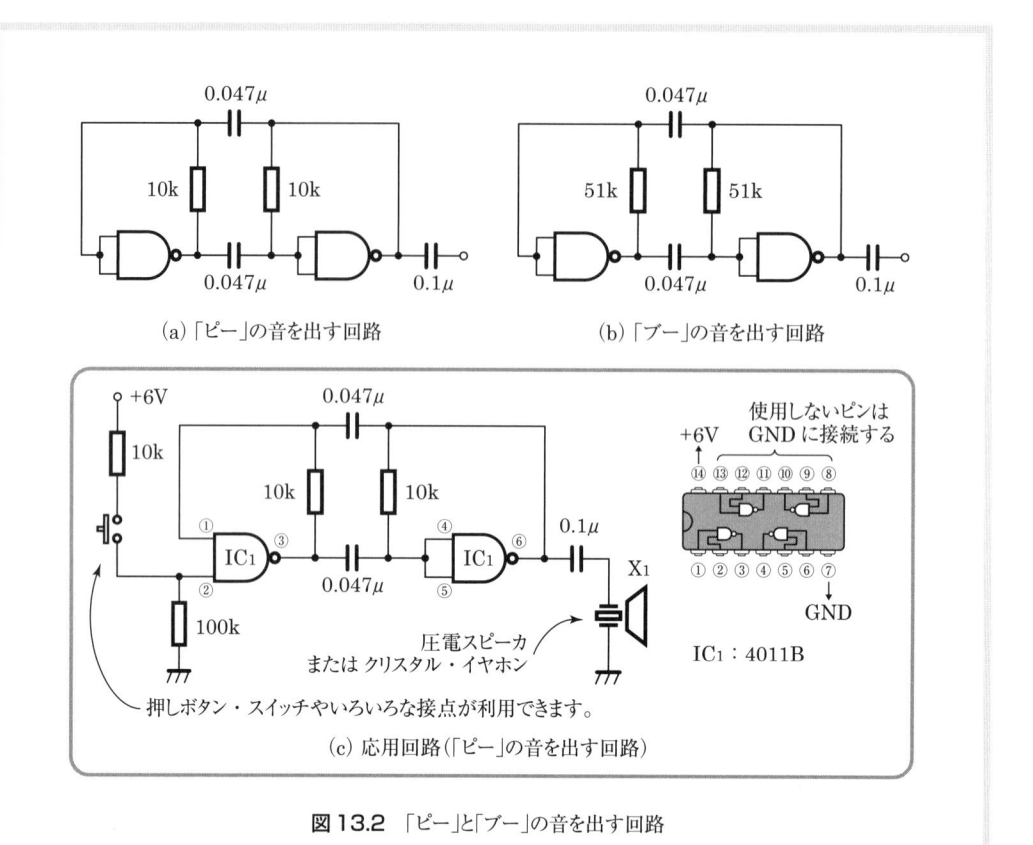

(a) 「ピー」の音を出す回路　　　　　(b) 「ブー」の音を出す回路

(c) 応用回路（「ピー」の音を出す回路）

図13.2 「ピー」と「ブー」の音を出す回路

いる抵抗やコンデンサの値で決まります．この回路では，高めの音で「ピー」の音を出します．

音の周波数は，先述の通り抵抗やコンデンサの値を変化させると，好みの高さに設定できます．抵抗値を約5倍の$51\mathrm{k}\Omega$にすると，発振周波数が下がり，「ブー」といった低めの音になります．

このようなやり方で，いろいろな音の高さを作り出してみましょう．抵抗またはコンデンサの値を変えれば，好みの音が得られます．

それでは高低2種類の音を作りましたから，これらを組み合わせて二色警報器を作ることにしましょう．

(3) 回路のブロック図

2種類の発振器出力を自動切替回路で切り替えて，順番に"ピー"と"ブー"の音を出すのです．自動切替回路は，タイマICを使った発振回路を使っています．図13.3に回路ブロック図を示します．

図13.3 ブロック図

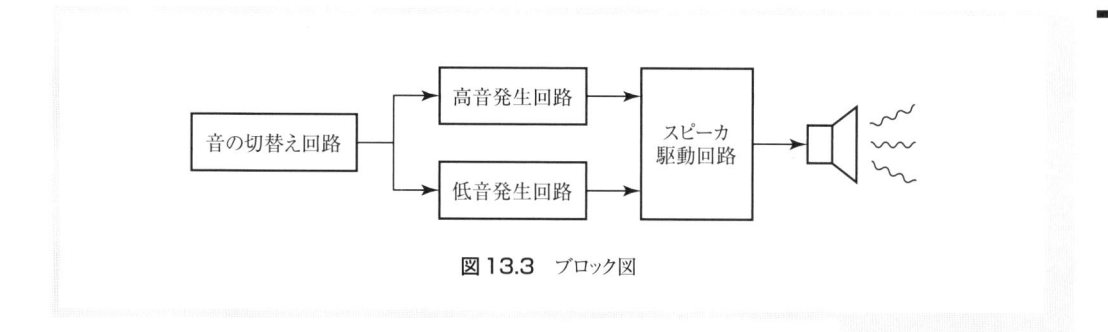

(4) 製作する回路図

図13.4に回路図を示します。IC3個，トランジスタ1個，抵抗9個，コンデンサ5個，スピーカ（8Ω）1個，単三乾電池4本（6V），乾電池ホルダ（単三4個用）がおもな部品です。ICは，タイマIC「555」とCMOS「4011B」です。

ゲートICを使うと，回路コントロールが簡単にできるので便利です。IC_1から出されたタイミング（切替信号）は，2種の発振回路のゲート入力に与えられ，入力が正（プラス側）電位になった時間だけ発振する

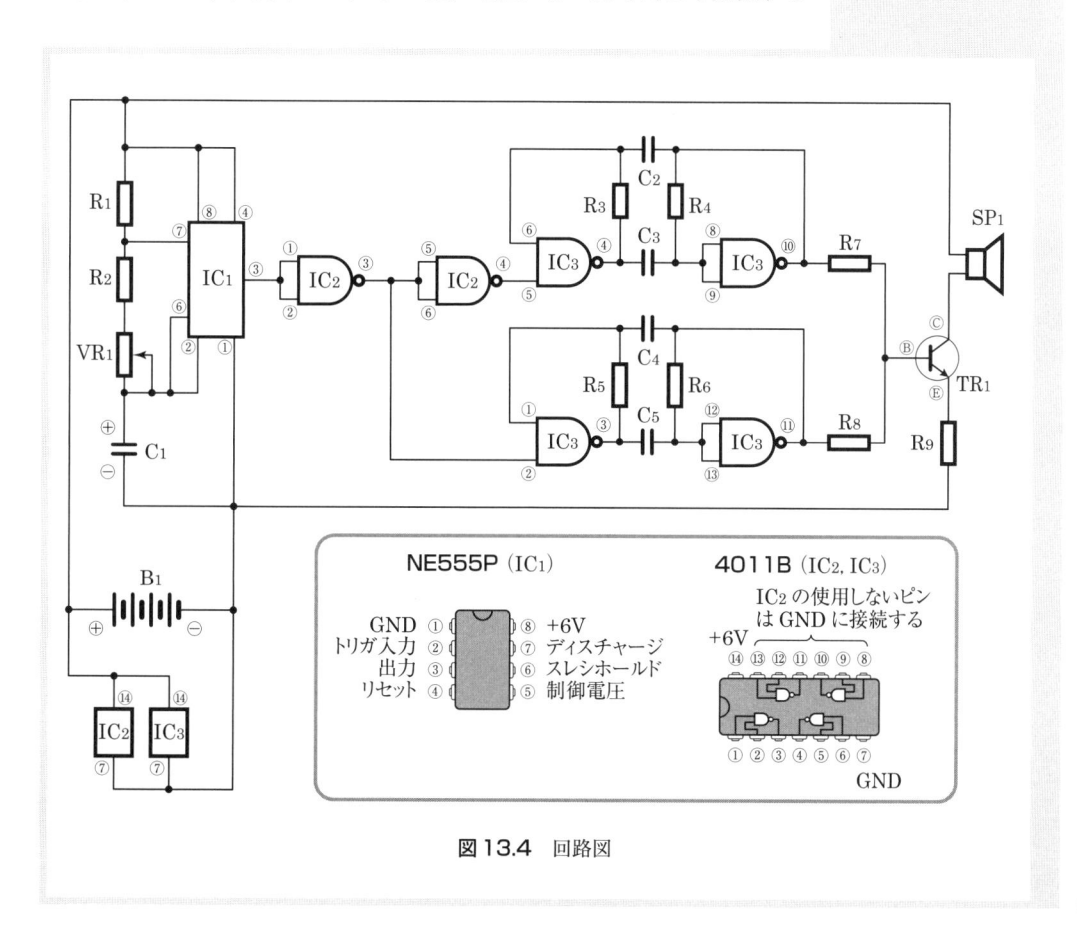

図13.4 回路図

ようになっています。

　音を大きくするためにトランジスタ Tr_1 を使って増幅し，スピーカ（8Ω）を鳴らしています。R_9 の抵抗はトランジスタ Tr_1 を保護するためのコレクタ電流制限の役目があります。

表 13.1　部品表

番号	部品名 [表示]	型番・容量など	個数
IC_1	IC（タイマ IC）	NE555P	1
IC_2，IC_3	IC（CMOS 型・NAND 回路×4）	4011B	2
Tr_1	トランジスタ（NPN 型）	2SC1815Y	1
C_1	電解コンデンサ	22μF（16WV）	1
$C_2 \sim C_5$	コンデンサ [473]	0.047μF	4
VR_1	可変抵抗	100kΩ（B 型）	1
R_1，R_3，R_4，R_7，R_8	抵抗 [茶黒橙金]	10kΩ（1/4W）	5
R_2，R_5，R_6	抵抗 [緑茶橙金]	51kΩ（1/4W）	3
R_9	抵抗 [黄紫金金]	4.7Ω（1/2W）	1
SP_1	スピーカ	8Ω	
B_1	単三乾電池		4
	電池ボックス	単三×4／リード付	1

(5) ブレッドボードへの実装

　図 13.5 にブレッドボードに部品類を実装した展開図を示します。使用したジャンパー線一覧を表 13.2 に示します。

表 13.2　使用したジャンパー線

	2.54	5.08	7.62	10.16	12.7	15.24	17.78
単線	5	1	3		7		
	20.32	22.86	25.4	50.8	76.2	101.6	127
	4	2	1	2			
より線	50	70	100	150	ミノムシ	合計	
					2	27	

(6) この回路の操作方法

　製作が完了しましたら，「二色（ピー・ブー）警報音発生器回路」を操作してみましょう。単三乾電池 4 本をホルダに入れ，ます。電源ラインを接続すると，スピーカから二色「ピー・ブー」の音が出力されます。「ピー・ブー」の切り替えスピードは，可変抵抗器 VR_1 を回すことで変えられます。

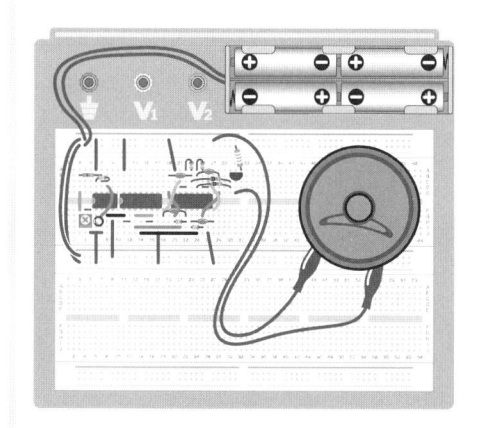

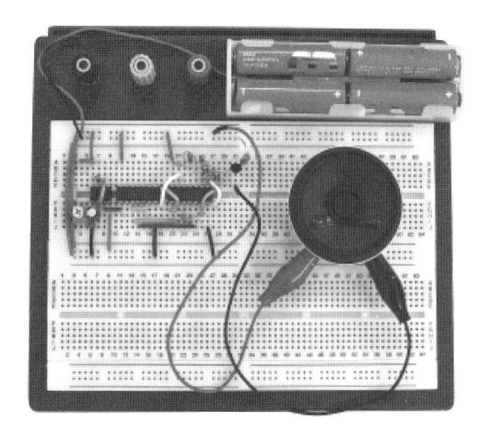

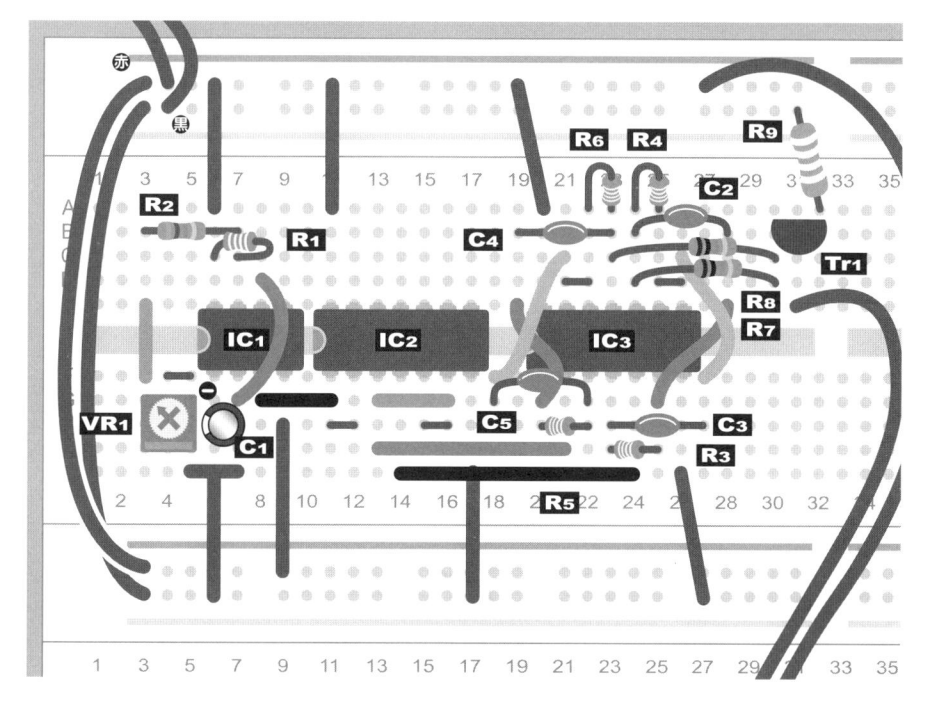

図 13.5　ブレッドボード展開図

14. ICを使ったマイク・アンプ

コンデンサ・マイクを使ったアンプです。アンプ部は，容易に入手できるIC「LM386N」です。マイク信号増幅用にトランジスタ1個用いています。

(1) 回路のブロック図

図14.1にICを使ったマイク・アンプの回路ブロック図を示します。マイクMIC_1でとらえた音声はトランジスタTr_1による簡易アンプで増幅され，レベル・コントロールを経て，パワー・アンプIC_1でさらに増幅されてスピーカSP_1をドライブします。各ブロックに電源が供給されます。

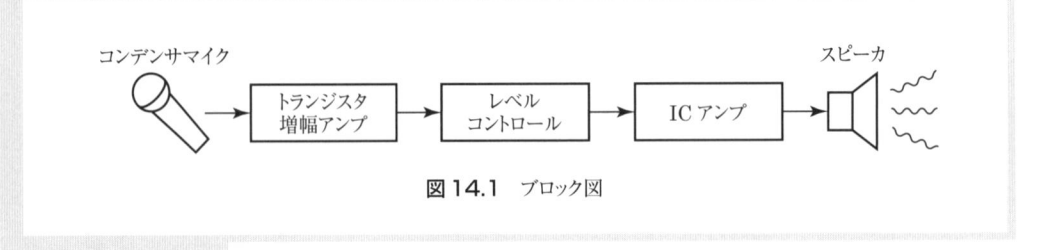

図14.1 ブロック図

(2) 製作する回路図

図14.2に回路図を示します。トランジスタ1個，IC1個，抵抗3個，可変抵抗器1個，コンデンサ3個，コンデンサ・マイク1個，スピーカ（8Ω）1個，単三乾電池4本（6V），乾電池ホルダ（単三4個用）がおもな部品です。

コンデンサ・マイクMIC_1から入った音声信号は，固定バイアス増幅方式のトランジスタTr_1のベースに与えられて可変抵抗器VR_1に送られます。トランジスタTr_1で増幅された音声信号は，可変抵抗器で音声信号のレベル調整を行って，IC_1の入力に与え，さらに増幅が行われてスピーカSP_1に出力されて音声信号が大きくなって聴こえます。

専用のICアンプ「LM386N」は，低電圧オーディオパワー増幅器ICと呼ばれており，低い電圧の電源でも動作可能です。また，消費電流が少ないので定評があります。さらにこのICの特徴を挙げると，以

図14.2 回路図

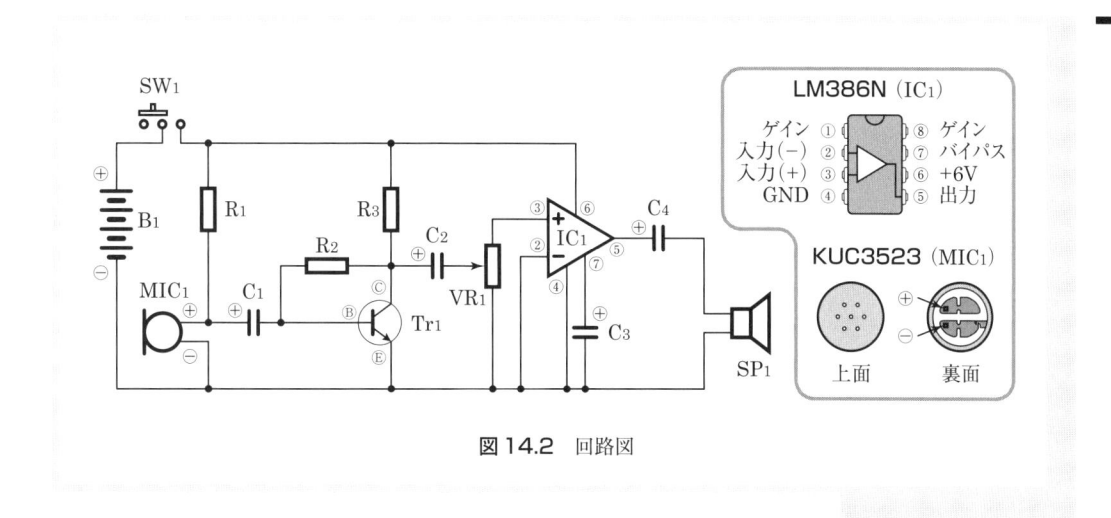

下に示される通りです。

- 外部に接続する部品が少ない
- 6V電源を使用した場合の消費電力はわずか24mW
- 電源は4〜12Vまたは5〜8V
- 外形：8ピンミニ・タイプ

表14.1 部品表

番号	部品名［表示］	型番・容量など	個数
IC_1	IC（ICアンプ）	LM386N	1
Tr_1	トランジスタ（NPN型）	2SC1815Y	1
MIC_1	コンデンサ・マイク	KUC3523-040245〈ホシデン〉	1
C_1	電解コンデンサ	1μF （50WV）	1
C_2, C_3	電解コンデンサ	10μF （16WV）	2
C_4	電解コンデンサ	470μF （16WV）	1
VR_1	可変抵抗	10kΩ （B型）	1
R_1	抵抗［橙橙赤金］	3.3kΩ （1/4W）	1
R_2	抵抗［黄紫黄金］	470kΩ （1/4W）	1
R_3	抵抗［茶黒赤金］	1kΩ （1/4W）	1
SP_1	スピーカ	8Ω	1
SW_1	スライドスイッチ	単極双投(ON-ON)タイプ, ICピッチ	1
B_1	単三乾電池		4
	電池ボックス	単三×4／リード付	1

(3) ブレッドボードへの実装

図14.3にブレッドボードに部品類を実装した展開図を示します。使用したジャンパー線の一覧を表14.2に示します。

図14.3 ブレッドボード展開図

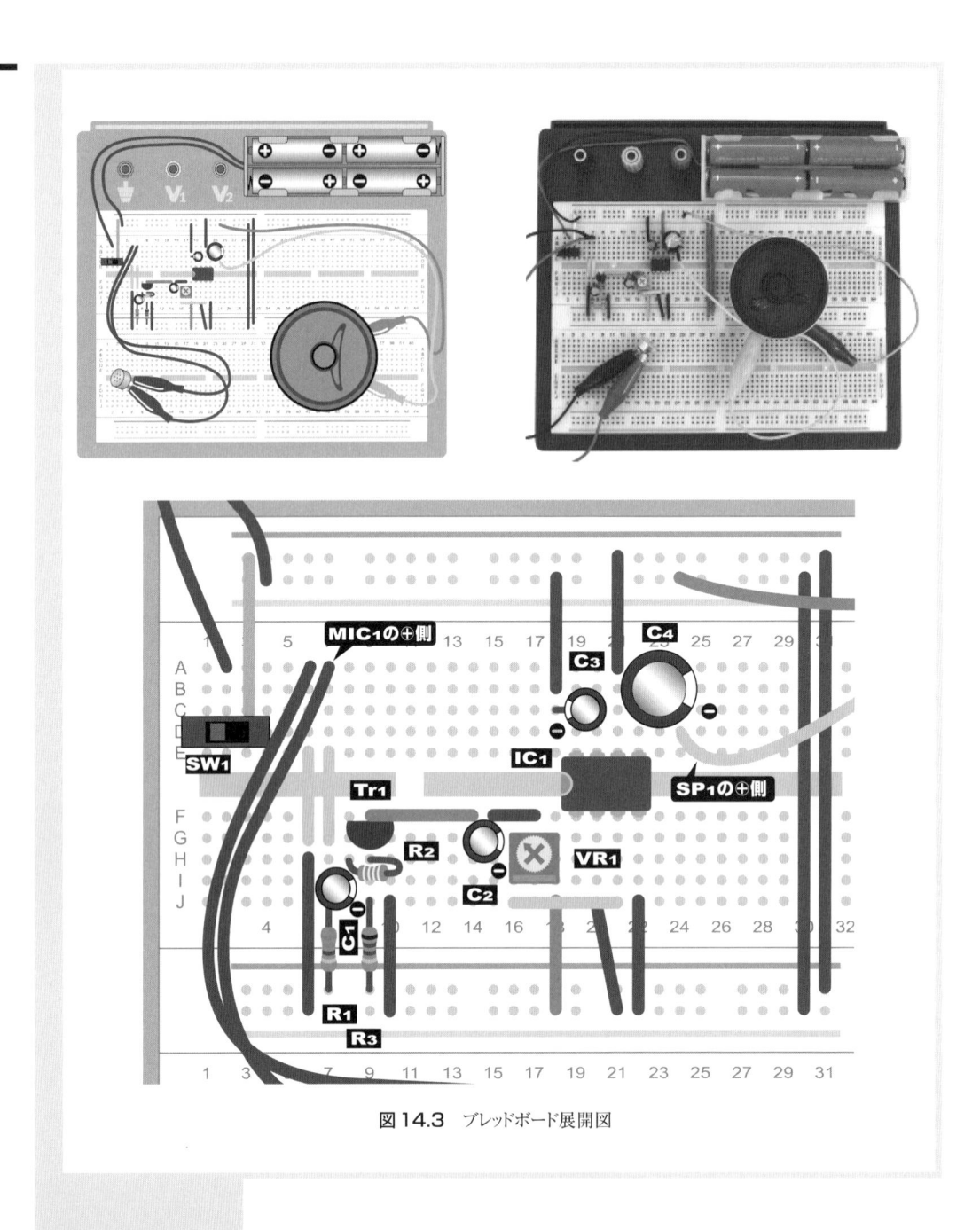

表14.2 使用したジャンパー線

単線	2.54	5.08	7.62	10.16	12.7	15.24	17.78
		1		2	10		
	20.32	22.86	25.4	50.8	76.2	101.6	127
				2			
より線	50	70	100	150	ミノムシ		合計
					4		19

(4) この回路の操作方法

製作が完了したら,「ICを使ったマイク・アンプ」を操作してみましょう。単三乾電池4本をホルダに入れます。電源スイッチSW_1をONにし,コンデンサ・マイクに音声を入れながら,ボリュームを回してみます。スピーカから音声が出てきます。マイクMIC_1とスピーカSP_1は離しましょう。近づけて実験すると,ハウリングを起こします。

15. アナ・デジ電圧レベル計

　測定入力電圧の結果を，段階的な LED 表示で行わせる電圧レベル計です。コンパレータ（比較器）と呼ばれる IC を使用してみました。
　直流電圧入力を 0.5V ステップまたは 1.0V ステップで 4 段階表示します。

(1) 測定電圧のアナ・デジ変換方法

　図 15.1 にブロック図を示します。基本的に入力電圧を基準電圧と比較して，どの基準値に該当するかを判断して，測定値を決定する仕組みです。したがって，基準値の変化量しか分析できません。これを分解能といいますが，高級な変換回路ほど，細かい分解能を持っています。ここでの製作では，簡単な回路を考えましたので，分解能は 4 ステップ（4 段階）になっています。この 4 ステップではどんな性能になるかというと，「0.5V」ステップの場合は 0.5V，1.0V，1.5V，2.0V のように，0.5V 間隔で測定値が得られるというものです。

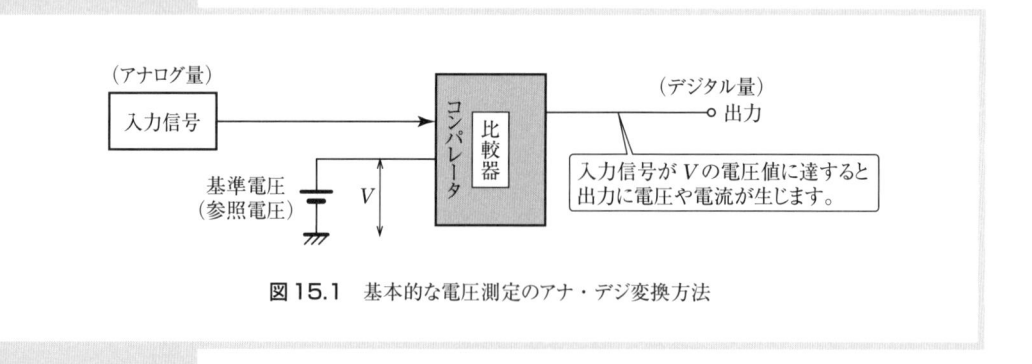

図 15.1 基本的な電圧測定のアナ・デジ変換方法

　ここで，基準値の比較方法をまとめてみます。図 15.2 を見て下さい。基準電圧（参照電圧）を作る回路です。この回路は抵抗をただ直列に接続しただけのものです。抵抗列に電圧を与えると，それぞれの抵抗間に電圧が分圧されます。
　たとえば電源電圧を可変抵抗器 VR_1 を調整して，2.0V にしたとしましょう。4 個の抵抗はすべて同じ抵抗値ですから，抵抗の両端にはそれぞれ 4 等分に相当する 0.5V が生じます。したがって，0V 電位から見ると a 点は 0.5V，b 点は 1.0V，c 点は 1.5V，d 点は 2.0V となります。

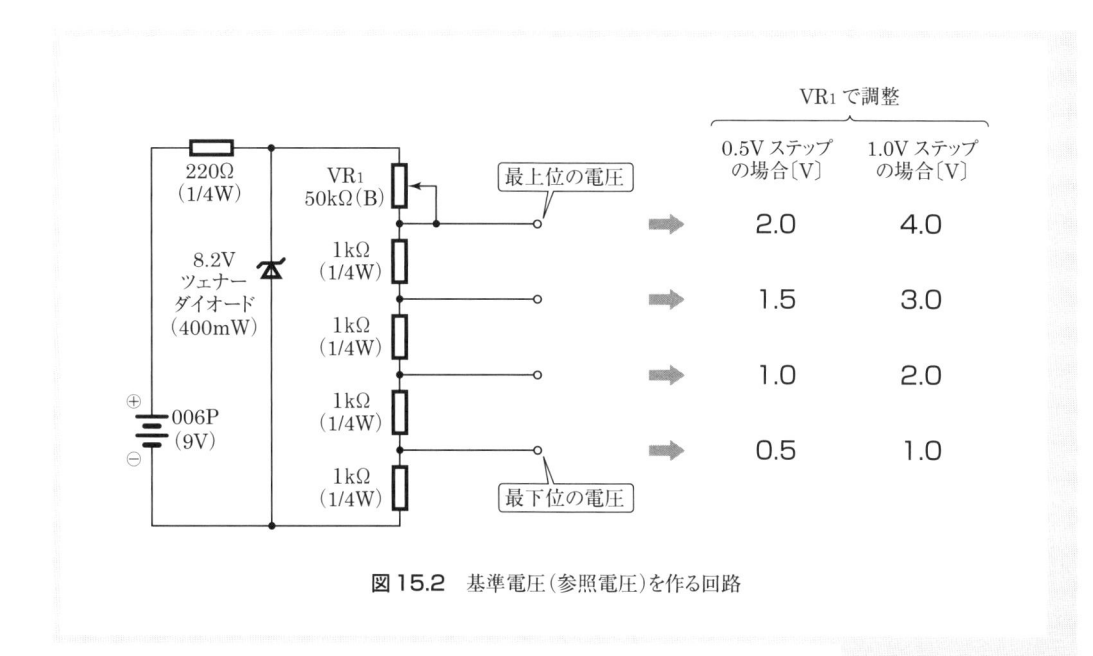

図15.2 基準電圧(参照電圧)を作る回路

この4種類の基準電圧を見て，入力電圧がどこに該当するかを比較器(コンパレータ)を使うことによって知ることができます。これがアナログ量・デジタル量(アナ・デジ)変換のユエンです。

(2) 回路のブロック図

図15.3に「アナ・デジ電圧レベル計」の回路ブロック図を示します。供給電源を基準電圧に変換し，その電圧を4段階に分割し，測定電圧入力と比較させる電圧比較器(コンパレータ)で分割電圧値と測定入力電圧値と比較して，測定入力電圧値がどの電圧値レベルに達しているかを調べ，その結果を出力してレベルを示す段階LEDを点灯させます。

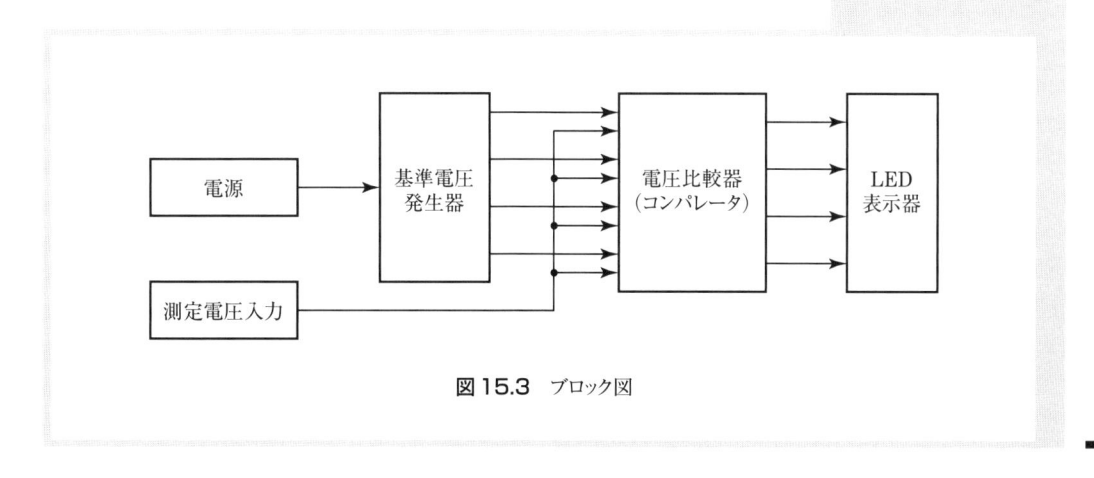

図15.3 ブロック図

(3) 製作する回路図

図15.4に回路図を示します。IC1個，ツェナー・ダイオード1個，LED4個，金属皮膜抵抗（精度1％）4個，一般抵抗4個，可変抵抗器1個，006P乾電池（9V）1個，乾電池スナップ1個がおもな部品です。

この回路では，入力測定電圧に対して，「棒グラフ」のように下位のLEDから連なって表示します。入力が高いレベルの場合には，表示用LED4個がすべて点灯します。また，0Vの場合には，すべて消灯します。

ただし，測定入力端子が何も接続しないで開放状態の場合には，高レベル入力状態と同じになりますので，LED4個すべてが点灯します。この場合，準備OKと思ってください。

本回路の基準電圧は，基準という名の通り安定化電圧を供給したいので，電源にツェナー・ダイオードを使った簡易安定化電源を作りました。また，基準電圧を得る抵抗列の各抵抗は，金属皮膜抵抗（精度1％）のものを使用します。その他の抵抗は一般のカーボン抵抗（精度10％）でかまいません。

可変抵抗器VR_1は，測定レンジを設定するもので，50kΩ（B型）を

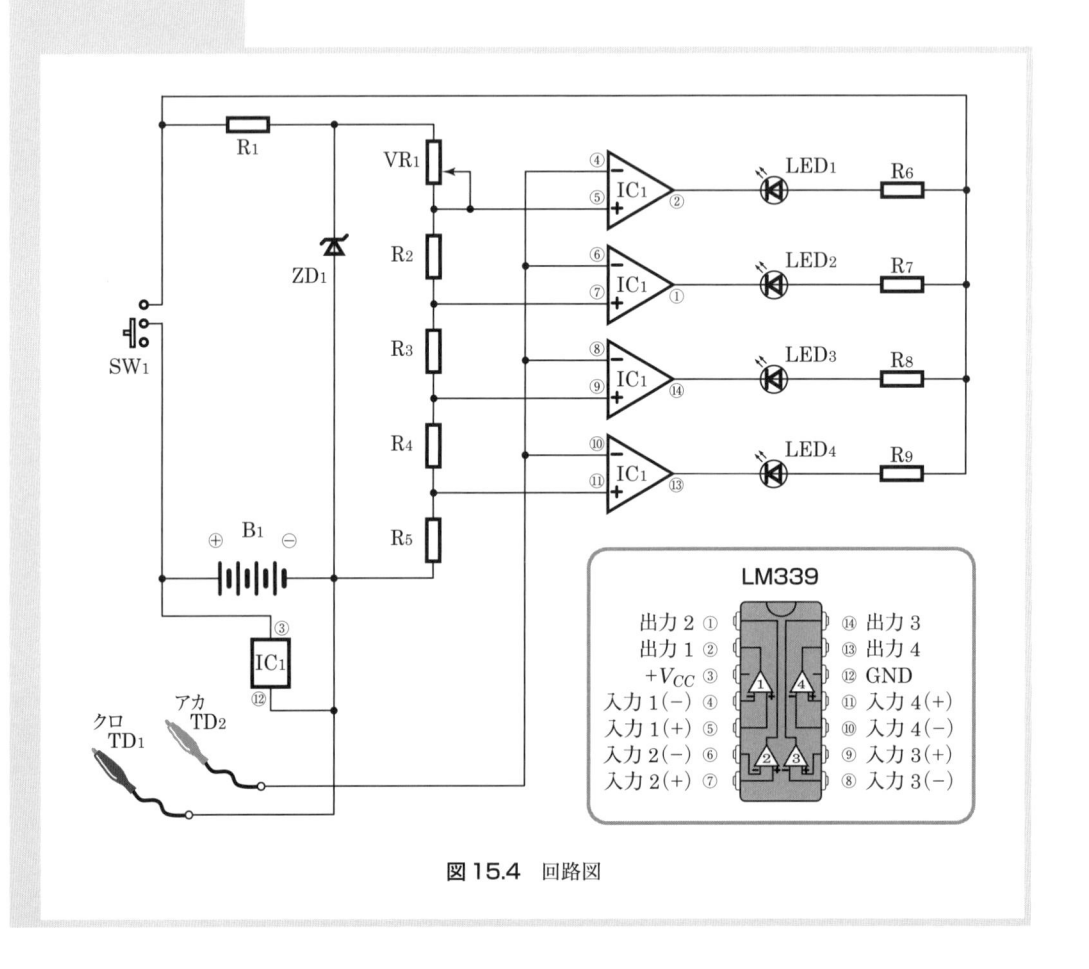

図15.4 回路図

使用しています．IC_1「LM339」の各コンパレータのマイナス（−）入力に測定電圧入力を，またプラス（＋）入力に基準電圧を与えると，各コンパレータの出力は基準電圧以上の入力があると，マイナス（−）電位を示します．

ですから，各表示用LEDのカソード（K）を各コンパレータの出力に接続して，各LEDのアノード（A）に電流制限用抵抗 $R_6 \sim R_9$：1kΩを介して＋電源を与えると点灯させることができます．

表15.1 部品表

番号	部品名[表示]	型番・容量など	個数
IC_1	IC（比較器）	LM339N	1
ZD_1	ツェナー・ダイオード	HZS9A2	1
$LED_1 \sim LED_4$	LED	赤（5φ）	4
VR_1	可変抵抗	50kΩ（B型）	1
R_1	抵抗［赤赤赤金］	220Ω（1/4W）	1
$R_2 \sim R_5$	金属被膜抵抗［茶黒黒茶茶］	1kΩ（1/4W・±1%）	4
$R_6 \sim R_9$	抵抗［茶黒赤金］	1kΩ（1/4W）	4
SW_1	スライドスイッチ	単極双投（ON-ON）タイプ，ICピッチ	1
B_1	乾電池（9V）	006P	1
	乾電池スナップ		1

(4) ブレッドボードへの実装

図15.5にブレッドボードに部品類を実装した展開図を示します．使用したジャンパー線の一覧を表15.2に示します．可変抵抗器，測定用端子にはミノムシクリップ付きワイヤを使用します．

表15.2 使用したジャンパー線

	2.54	5.08	7.62	10.16	12.7	15.24	17.78
単線	1	3	1	5	1	1	1
	20.32	22.86	25.4	50.8	76.2	101.6	127
		4	6	2			
より線	50	70	100	150	ミノムシ		合計
					2		27

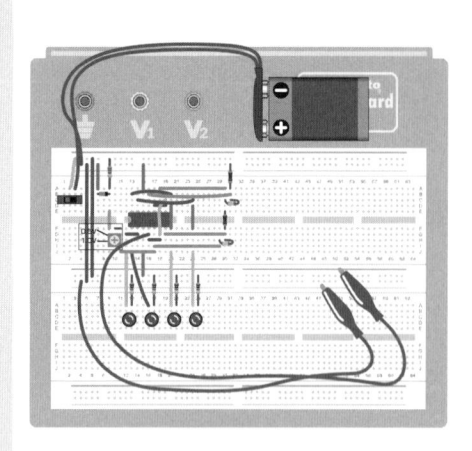

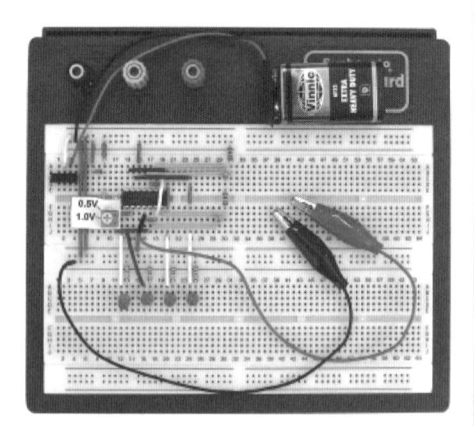

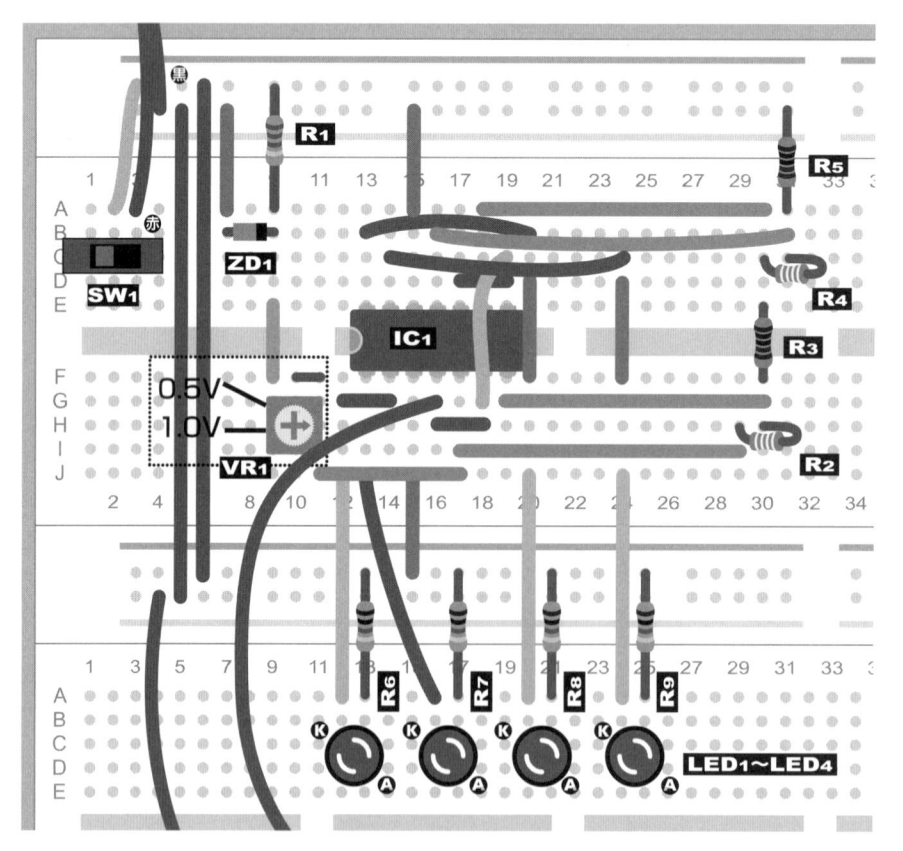

図15.5　ブレッドボード展開図

(5) この回路の操作方法

電源スイッチ SW_1 を ON にし，電圧（9V）を供給すると，4個のLEDが点灯します。そこで，ミノムシクリップをショートさせると，LEDすべてが消灯します。可変抵抗器 VR_1 の位置には関係ありません。

テスターを準備してください。抵抗 R_1 の両端を，電圧レンジ5Vか10Vにして電圧値を見ます。ここで，可変抵抗器 VR_1 を最小値（0Ωの位置）から最大値まで回してみましょう。電圧値が2V程度～0.2V程度に変化するはずです。

可変抵抗器 VR_1 のツマミ近くに小さな紙を置き，レンジのマーキングをします。可変抵抗器 VR_1 を回転した時，抵抗 R_1 が0.5Vになる位置と，1Vになる位置に点を付けます。

0.5V ステップでの読み方

可変抵抗器 VR_1 を「0.5V ステップ」のマーク位置にセットします。最下位が0.5Vの意味ですから，その上は2倍1.0V，その上は3倍の1.5V，その上は4倍の2Vを意味します。

16. 念力ゲーム器

※ テレビゲームなどは「ゲーム機」と表しますが，本書で製作するものは小型実験回路ですので「ゲーム器」と表しています。

スタート・スイッチを押すと，2個のLEDが速い周期で交互に点灯します。ストップ・スイッチを押す前に「停止した時，どちらのLEDが点灯するか」を念じてストップ・スイッチを押します。ゲーム版超能力のテスターとしてお使いください。

(1) 回路のブロック図

図16.1に回路のブロック図を示します。図16.1において，スイッチ部，スイッチ・メモリー部，クロック信号発生部，表示切り換え部，表示部の各ブロックで構成されています。

スタート・スイッチを押すと，スタート状態を記憶し，クロック信号発生部を動作させ，クロック信号を表示切り換え部に送り，表示部のLEDを交互に点灯させます。

ここでストップ・スイッチを押すと，ストップ状態を記憶してクロック信号発生部を停止させるので，表示切り換え部の動作も停止します。停止した時点の片方のLEDが点灯し，もう一方のLEDは消灯しています。

(2) 製作する回路図

図16.2に「念力ゲーム器」の回路を示します。IC2個，トランジスタ2個，LED2個，抵抗7個，コンデンサ2個，ICピッチ押しボタン・スイッチ3個，単三乾電池2個（3V），乾電池ホルダ（単三2個用）が主な部品です。ICは，4011Bと4027Bの2種類で，メーカーは問いません。

図16.2において，スタート・ストップが付けられている回路はR-S

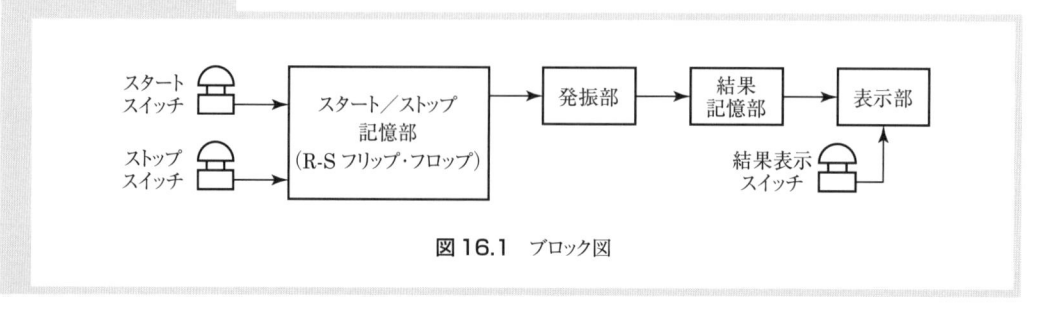

図16.1 ブロック図

図16.2　回路図

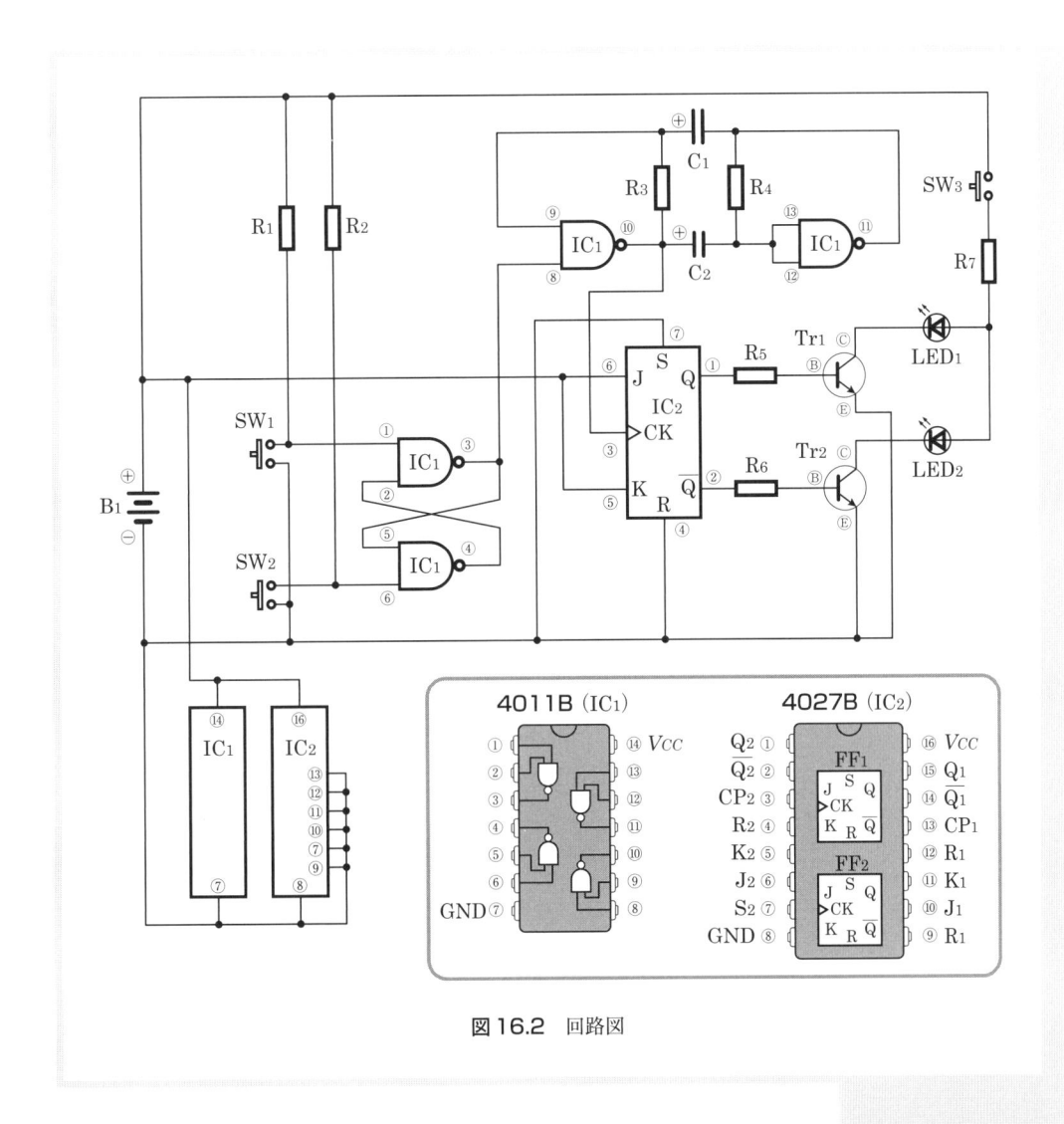

　フリップフロップ回路と呼ばれる簡単な記憶回路です。NANDと呼ばれる回路をたすきがけに組み合わせると，スタートとストップなどの2つの状態を記憶させることができます。

　スタート・スイッチSW_1を押すとIC_1の出力ピン③がハイ・レベル："1"になり，発振部のゲート入力ICピン⑧を"1"にするため，発振部を動作状態にします。

　発振部が動作状態になると，IC_1ピン⑩から出される連続パルス信号がJ-Kフリップフロップ回路のIC_2入力ピン③に与えられ，入力パルス数を1/2にしながら出力ピン①と②を交互に"1"とロー・レベル："0"にします。

　ここで，のハイ・レベル："1"は電源電圧の3V，ロー・レベル："0"は0Vを意味します。

　ここで，ストップ・スイッチSW_2を押すと，R-Sフリップフロップ

回路の状態は反転して，IC_1 ピン③の出力は "0" になり，発振部は停止します。

発振部が停止すると，IC_1 ピン⑩の出力もパルスが出力されませんので，IC_2 入力ピン③には入力がなくなりますから，最終の状態を記憶して止まります。

仮に，IC_2 の出力 Q ピン①が "1"，反対のピン②が "0" であったとすると，結果表示スイッチ SW_3 を押すと，"1" を生じている側のトランジスタ Tr_1 がドライブされて，LED_1 が点灯することになります。

ところで，CMOS・IC は，使用しない入力ピンはアース電位に落とすようにします。

表 16.1 部品表

番号	部品名 [表示]	型番・容量など	個数
IC_1	IC (CMOS 型・NAND 回路×4)	4011B	1
IC_2	IC (CMOS 型・J-K フリップフロップ回路×2)	4027B	1
Tr_1, Tr_2	トランジスタ (NPN 型)	2SC1815Y	2
LED_1, LED_2	LED	赤 (5φ)	2
C_1, C_2	電解コンデンサ	10μF (16WV)	2
R_1, R_2	抵抗 [茶黒緑金]	1MΩ (1/4W)	2
$R_3 \sim R_6$	抵抗 [茶黒橙金]	10kΩ (1/4W)	4
R_7	抵抗 [茶緑茶金]	150Ω (1/4W)	1
$SW_1 \sim SW_3$	押しボタンスイッチ	単極単投タイプ, IC ピッチ	3
B_1	単三乾電池		2
	電池ボックス	単三×2／リード付	1

(3) ブレッドボードへの実装

図 16.4 にブレッドボードに部品類を実装した展開図を示します。使用したジャンパー線の一覧を表 16.2 に示します。

表 16.2 使用したジャンパー線

	2.54	5.08	7.62	10.16	12.7	15.24	17.78
単線	5	2			3	22	1
	20.32	22.86	25.4	50.8	76.2	101.6	127
	1	3		2			
より線	50	70	100	150	ミノムシ		合計
							39

(4) この回路の操作方法

単三乾電池 2 本を乾電池ホルダにセットします。スタート・スイッチ SW_1 を押し，任意の時間経過後にストップ・スイッチを押します。次に結果表示スイッチ SW_3 を押すと，結果の LED を点灯させること

ができます。どちらの LED が点灯するか，念力を試します。

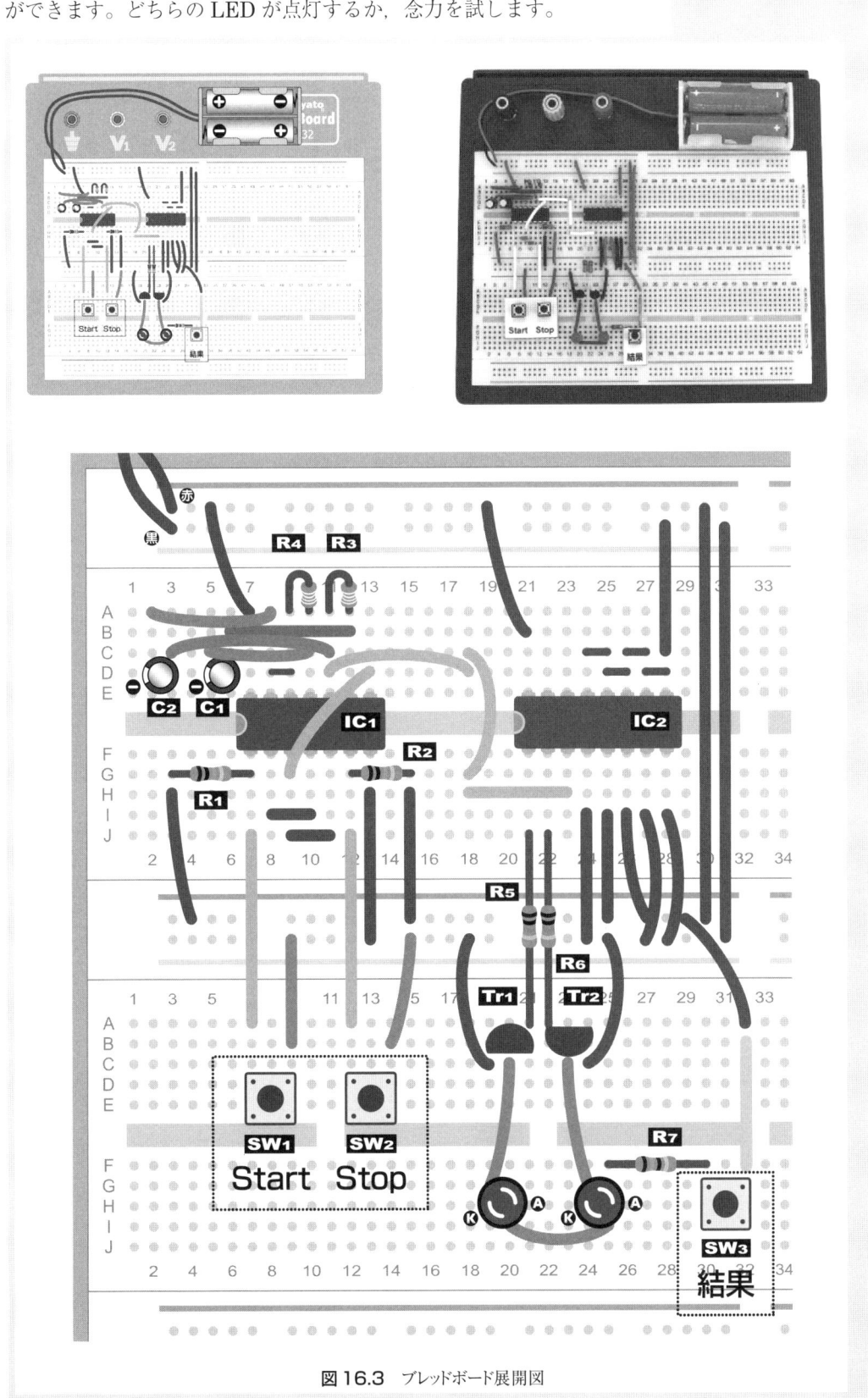

図 16.3　ブレッドボード展開図

17. 早押しゲーム器

2人で遊ぶゲーム器です。押しボタン・スイッチをどちらが早く押したかを競います。R-Sフリップフロップ回路を利用しており，簡単な回路ですが，ゲート機能を活用した回路を学べます。

(1) 回路のブロック図

図17.1に回路のブロック図を示します。「ゲーム開始用スタート・スイッチ」，「プレイヤー(A)押しボタン・スイッチ部」，「プレイヤー(B)押しボタン・スイッチ部」，「ゲート部(A)」，「ゲート部(B)」，「記憶部(A)」，「記憶部(B)」，「結果表示部(A)」，「結果表示部(B)」で構成されます。

ゲーム開始用スタート・スイッチを押した後，相手側のスイッチ動作が早かった場合には，自分のスイッチ信号が出されない仕組みです。

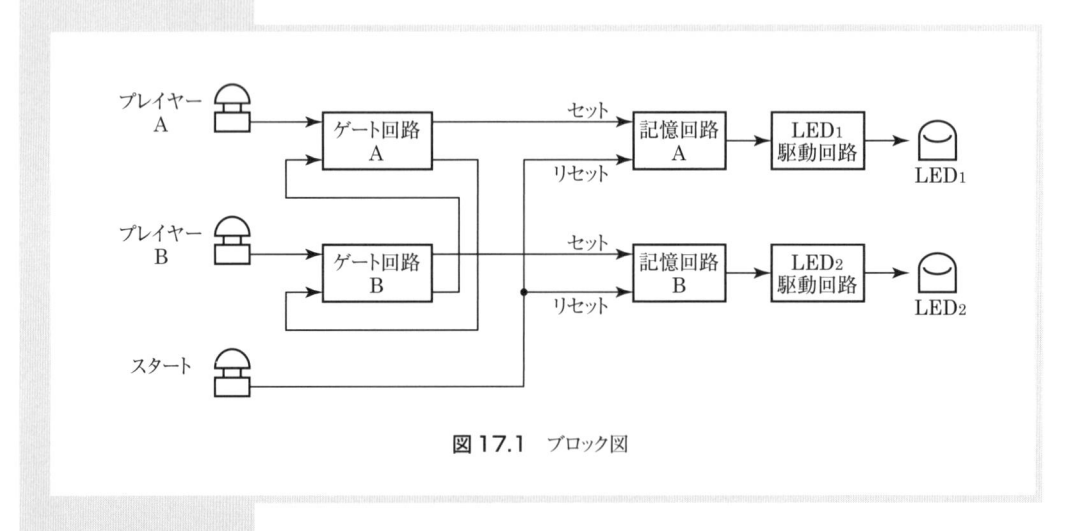

図17.1 ブロック図

(2) 製作する回路図

図17.2に回路図を示します。IC3個，トランジスタ2個，LED2個，抵抗8個，コンデンサ2個，ICピッチ押しボタン・スイッチ3個，単三乾電池2個(3V)，乾電池ホルダ(単三2個用)がおもな部品です。

回路に電源を与えると，LED_1またはLED_2のどちらかが点灯します。ここで，ゲーム開始用のスタート・スイッチSW_3を押すとIC_1入力ピン⑬とIC_2入力ピン⑬が同時に"0"に落とされるため，記憶部(A)と

図17.2 回路図

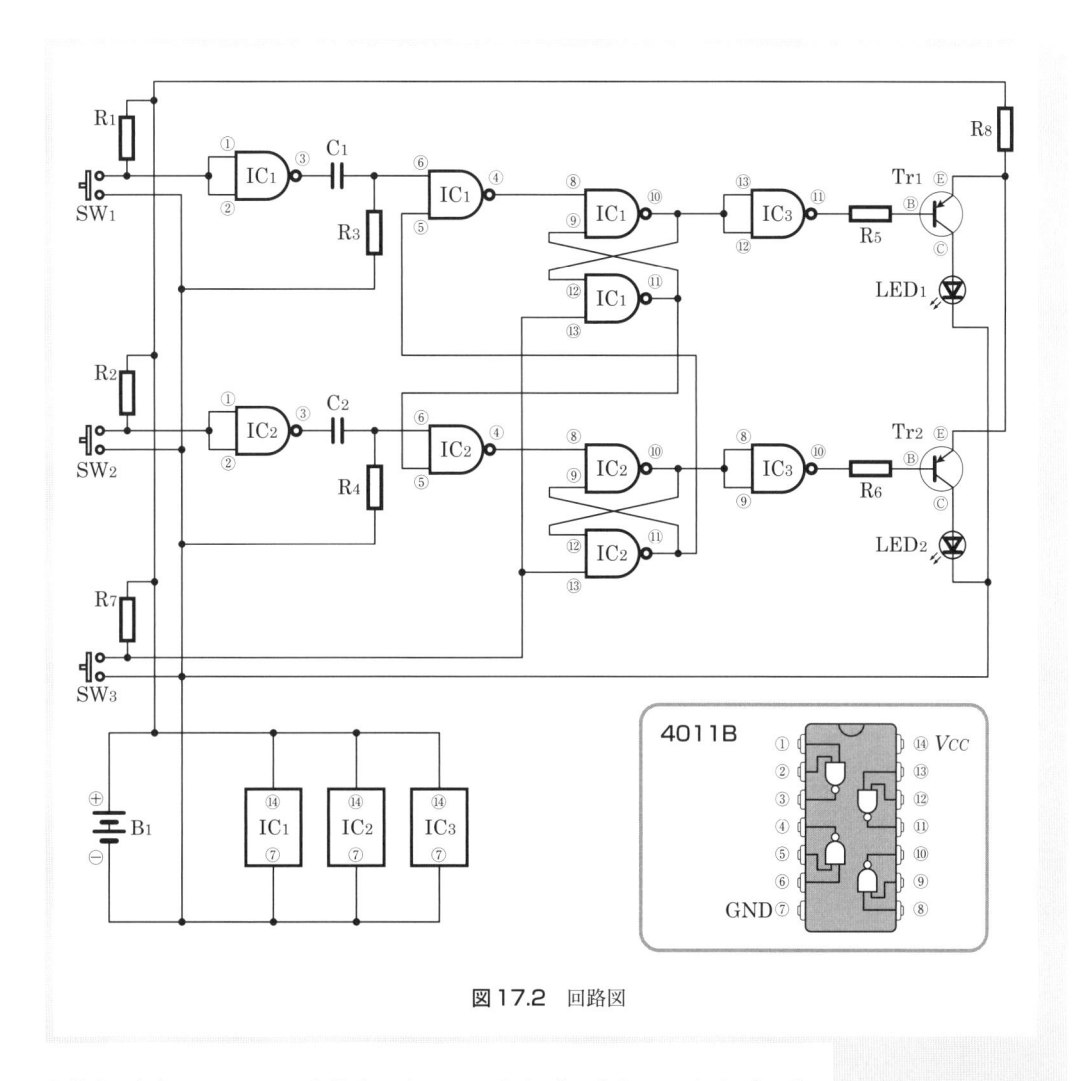

記憶部（B）がリセット状態となり，IC_1出力ピン⑩とIC_2出力ピン⑩がともに"0"となるために，IC_3出力ピン⑪およびIC_3出力ピン⑩が"1"となり，PNPトランジスタTr_1およびトランジスタTr_2を不動作にするため，LED_1とLED_2はともに消灯状態となります。

これで準備完了です。

ここで，プレイヤー（A）の押しボタン・スイッチSW_1がプレイヤー（B）の押しボタン・スイッチSW_2より，早く押した場合について説明します。

SW_1を押すとIC_1出力ピン③が"0"から"1"に変化し，コンデンサC_1と抵抗R_3で構成される微分回路によって，急峻なプラス・パルスがIC_1入力ピン⑤に与えられます。もう一方の入力端子であるIC_1入力ピン⑥は，スタート・スイッチSW_3が押されたことにより，IC_2出力ピン⑪が"1"になっていますから，IC_1出力ピン④から急峻なマイナス・パルスが出され，記憶回路（A）のIC_1入力ピン⑧に与えられてセット

状態にして，IC_1 出力ピン⑩を "1" に変え，IC_3 出力ピン⑪が "0" となり，PNP トランジスタが動作状態となり，LED_1 に電源が供給されるので，表示結果（A）の LED_1 が点灯します。

さて，遅れたプレイヤー（B）のスイッチ SW_2 ですが，プレイヤー（A）が決定した状態で説明します。

プレイヤー（B）押しボタン・スイッチ SW_2 が遅れて押されると，IC_2 入力ピン⑤に急峻なプラス・パルスが与えられますが，もう一方の IC_2 入力ピン⑥が，記憶回路（A）の IC_1 出力ピン⑪が "0" を示しているので，IC_2 出力ピン④は強制的に "1" となり，記憶回路（B）をセットすることができません。したがって，IC_2 出力ピン⑩は "0" となり，IC_3 出力ピン⑩が "1" となり PNP トランジスタ Tr_2 が不動作となり，LED_2 は消灯状態となります。

表17.1　部品表

番号	部品名［表示］	型番・容量など	個数
IC_1 ～ IC_3	IC（CMOS 型・NAND 回路×4）	4011B	3
Tr_1，Tr_2	トランジスタ（PNP 型）	2SA1015Y	2
LED_1	LED	赤（5φ）	1
LED_2	LED	黄（5φ）	1
C_1，C_2	コンデンサ	$0.1\mu F$	2
R_1 ～ R_7	抵抗［赤赤橙金］	$22k\Omega$（1/4W）	7
R_8	抵抗［茶黒茶金］	100Ω（1/4W）	1
SW_1 ～ SW_3	押しボタンスイッチ	単極単投タイプ，IC ピッチ	3
B_1	単三乾電池		2
	電池ボックス	単三×2／リード付	1

(3) ブレッドボードへの実装

図 17.3 にブレッドボード（サンハヤト製 SRH-32）に部品類を実装した，展開図を示します。使用したジャンパー線の一覧を表 17.2 に示します。IC ピッチの押しボタン・スイッチ 3 個を使用します。

表17.2　使用したジャンパー線

単線	2.54	5.08	7.62	10.16	12.7	15.24	17.78
	4	4	2	5	17	2	3
	20.32	22.86	25.4	50.8	76.2	101.6	127
	2	5	5	2			
より線	50	70	100	150	ミノムシ		合計
							51

(4) この回路の操作方法

単三乾電池2個を乾電池ホルダにセットします。スタート開始押しボタン・スイッチSW_3を押します。2個のLEDが消灯します。

「ヨーイ・ドン！」と言ってから、プレイヤー二人が揃って押しボタン・スイッチを押します。少しでも早く押した方のLEDが点灯します。

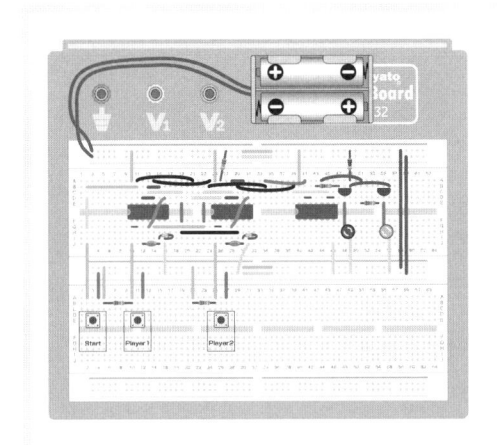

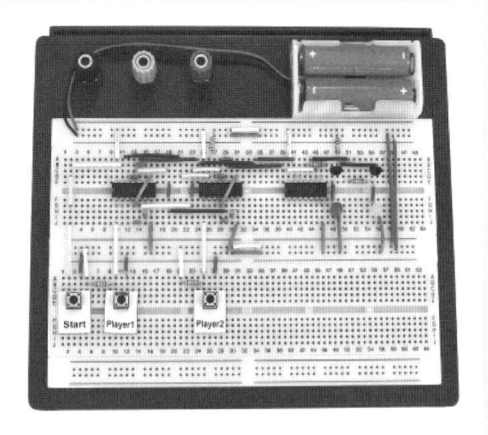

図17.3(1) ブレッドボード展開図

図 17.3(2) ブレッドボード展開図

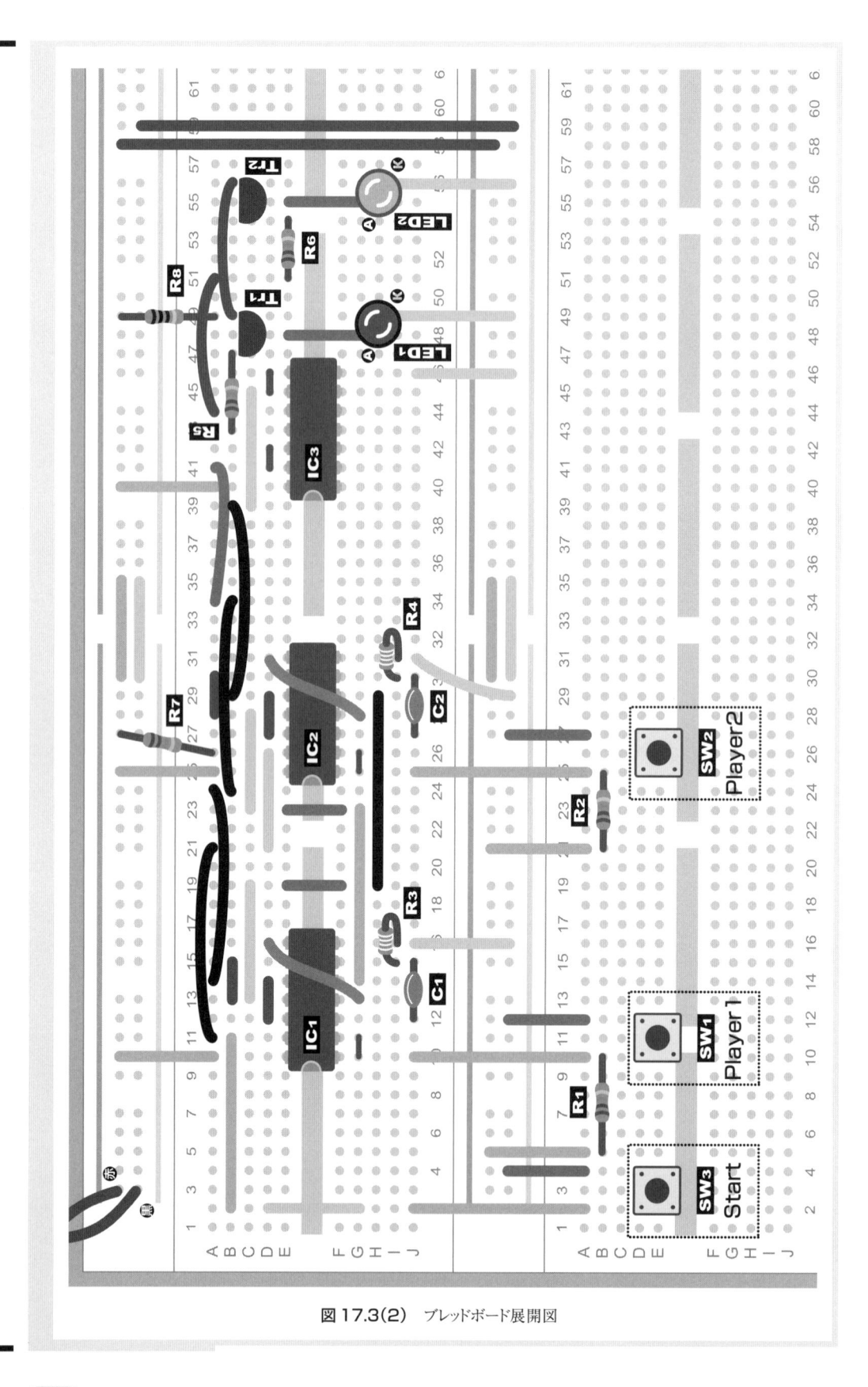

18. 流れる LED 表示器

4個のLEDを順番に点灯させて,あたかも流れるように点灯させる回路です。回路要素として,「Dフリップフロップ回路」を使用した「シフト・レジスタ回路」を応用しています。

(1) 回路のブロック図

図18.1に「流れるLED表示器」回路ブロック図を示します。流れるタイミング信号を発生する「クロック信号発生器」からの信号を「4段シフト・レジスタ」に送ります。反転出力 ($\overline{Q}$) をLED点灯用に使います。

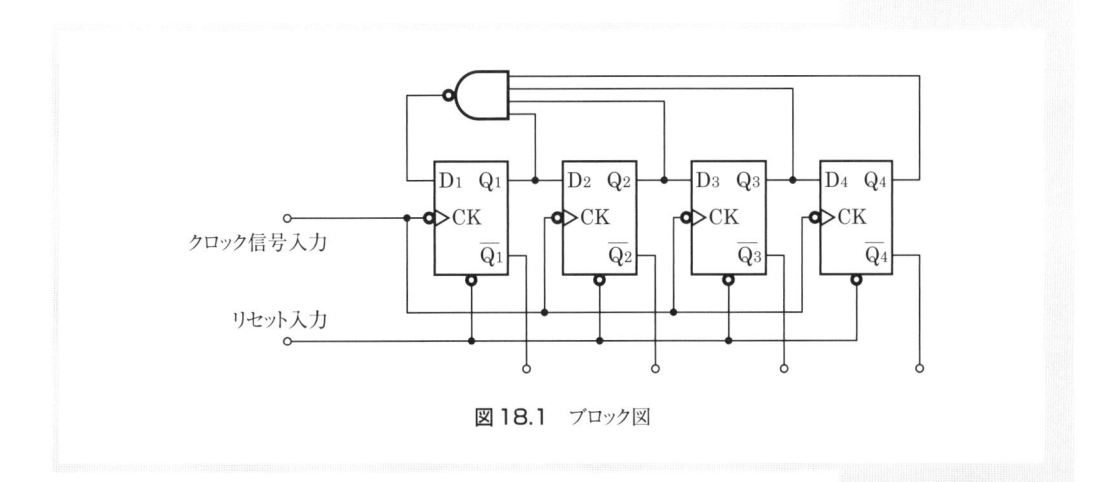

図18.1 ブロック図

(2) 製作する回路図

図18.2に「流れるLED表示器」の回路図を示します。IC6個,LED4個,整流用ダイオード1個,抵抗11個,可変抵抗器1個,コンデンサ2個がおもな部品です。

図 18.2 回路図

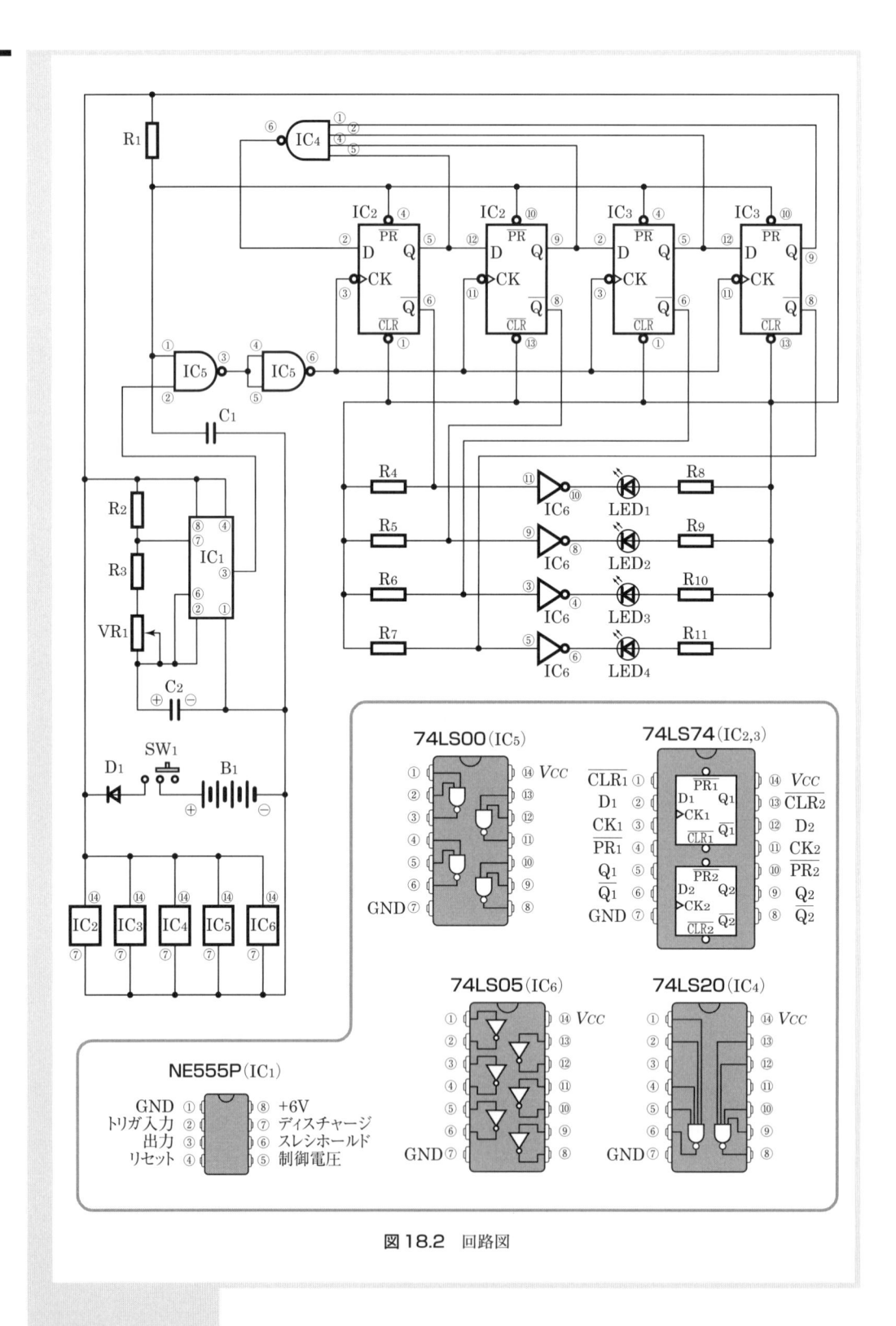

表18.1　部品表

番号	部品名[表示]	型番・容量など	個数
IC_1	IC（タイマIC）	NE555P	1
IC_2, IC_3	IC（TTL型・Dフリップフロップ回路×2）	74LS74	2
IC_4	IC（TTL型・4入力NAND回路×2）	74LS20	1
IC_5	IC（TTL型・NAND回路×4）	74LS00	1
IC_6	IC（TTL型・NOT回路×6）	74LS05	1
D_1	ダイオード	10DDA10〈日本インター〉	1
LED_1〜LED_4	LED	赤（5φ）	4
C_1	コンデンサ[103]	0.01μF	1
C_2	電解コンデンサ	10μF（16WV）	1
VR_1	可変抵抗	100kΩ（B型）	1
R_1	抵抗[茶黒橙金]	10kΩ（1/4W）	1
R_2	抵抗[茶緑橙金]	15kΩ（1/4W）	1
R_3	抵抗[橙橙橙金]	33kΩ（1/4W）	1
R_4〜R_7	抵抗[茶黒赤金]	1kΩ（1/4W）	4
R_8〜R_{11}	抵抗[橙橙茶金]	330Ω（1/4W）	4
SW_1	スライドスイッチ	MMS-A-1-2N（L=2）〈松久〉	1
B_1	単三乾電池		4
	電池ボックス	単三×4／リード付	1

　はじめに4個のLEDがすべて消灯し，それから1段目から順番に2段目，3段目，4段目と点灯し，再び1段目から同じ動作を行います。

　タイミング信号発生器は，タイマIC「555」をアステーブル・モード回路で使用しています。

　では，回路のポイントとなるシフト・レジスタ回路について説明します。まず動作開始時点では，4個のシフト・レジスタ回路すべての出力Qを"1"にします。このようにすると，戻り信号発生用の4入力NAND回路の出力（IC_3ピン⑥）の出力が"0"となり，開始時点のシフト・レジスタ入力信号は「0」が一つずつ送られることになります。

　一段目の出力Qが"0"を発生した瞬間，戻り信号発生用の4入力NAND回路の出力（IC_3ピン⑥）の出力は"1"になりますから，今度は"1"が順番に送られることになります。

　すなわち，各段のフリップフロップ回路Q出力は，表18.2(a)のようになります。

　さて4個のLED表示ですが，各段のフリップフロップ$\overline{Q}$の（反転出力）が「1」を示した時に点灯します（表18.2(b)）。

　$\overline{Q}$信号を使うと，スタートにシフト・レジスタすべてが"0"状態となり，それから順に"1"が送られます。これらの信号はバッファ用のイン

表18.2 Q と $\overline{Q}$ 出力の変化表

(a) Q 出力

1段目	2段目	3段目	4段目
1	1	1	1
0	1	1	1
1	0	1	1
1	1	0	1
1	1	1	0
1	1	1	1

↓（繰り返し）

(b) $\overline{Q}$ 出力（Q の反転したもの）

1段目	2段目	3段目	4段目
0	0	0	0
1	0	0	0
0	1	0	0
0	0	1	0
0	0	0	1
0	0	0	0

↓（繰り返し）

バータ回路に与えられて，反転されるので"0"に変わり，LEDのカソード側がアース・レベルとなるため，流れるようにLEDが点灯します。

回路をうまく動作させるために，工夫した部分があります。

シフト・レジスタのプリセット入力と，クロック信号の制御用として，電源遅延回路が設けてあります。図18.3に示します。

この回路では電源を入れた時，コンデンサに電気が蓄積されるまで，"0"状態が発生するので，本作品のような回路を作る時，電源を入れた時の初期状態に"0"レベルを得たい場合，よくこの回路を使います。

またこの信号は，電源が入ってもシフト・レジスタがクロック信号によって，動作を開始しないように，開始時点しばらくはクロック信号の入力を阻止するためのゲート用信号としても利用しています。

この回路で，まず全フリップフロップ回路を強制的に"1"にしておき，戻り信号発生用の4入力NAND回路の入力に与えると，そのNANDの出力は表18.3の真理値表に示される動作をしますので，4入力がすべて"1"の時，出力は"0"になります。

したがって，スタート時点にクロック信号が与えられる期間，これが繰り返されます。

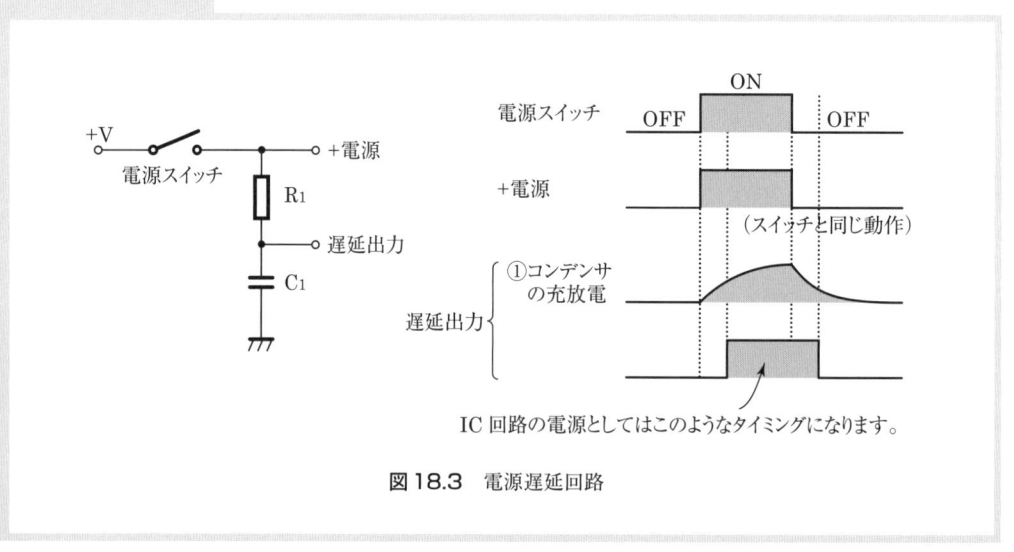

図18.3 電源遅延回路

4段目まで信号が送り終わると，スタート時点に行われたプリセット状態と同じく，戻り信号発生用 $\overline{Q}$ の4入力NAND回路の出力（IC_3 ピン⑥）が "0" となり，その後にはすぐに，"1" 信号が続いて順番に送られ，出力にインバータ回路が接続されてLEDのカソード側が "0" レベルに落とされるために，LEDが順番に点灯することになります。

表18.3　4入力NAND回路の真理値表

入力				出力
A	B	C	D	Y
0	0	0	0	1
0	0	0	1	1
0	0	1	0	1
0	0	1	1	1
0	1	0	0	1
0	1	0	1	1
0	1	1	0	1
0	1	1	1	1
1	0	0	0	1
1	0	0	1	1
1	0	1	0	1
1	0	1	1	1
1	1	0	0	1
1	1	0	1	1
1	1	1	0	1
1	1	1	1	0

(3)　ブレッドボードへの実装

　図18.4にブレッドボードに部品類を実装した展開図を示します。使用したジャンパー線一覧を表18.4に示します。

表18.4　使用したジャンパー線

	2.54	5.08	7.62	10.16	12.7	15.24	17.78
単線	5		1	1	2	42	2
	20.32	22.86	25.4	50.8	76.2	101.6	127
	9	12	11				
より線	50	70	100	150	ミノムシ		合計
			4				89

(4)　この回路の操作方法

　単三乾電池4本を乾電池ホルダにセットします。電源スイッチ SW_1 をONにすると同時に4個のLEDが端から順に点灯します。あたかも光が流れるように見えます。

18. 流れるLED表示器

製作編

図 18.4 ブレッドボード展開図

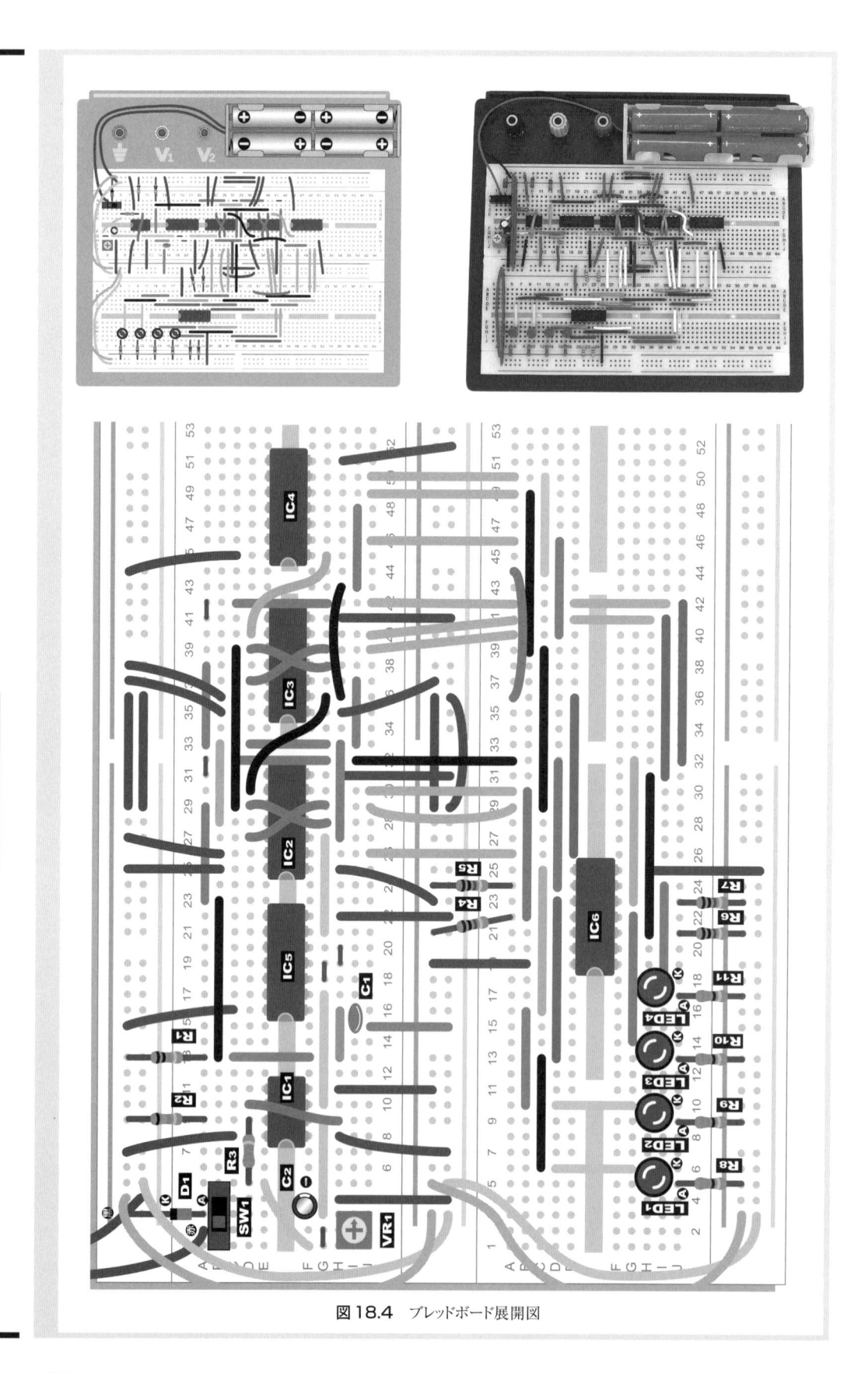

112

19. 電子ルーレット

　LED 8 個を並べ流れる表示のように繰り返し動作をさせて，ストップさせるとゆっくり停止して，停止した位置を読み取って楽しむゲーム器です。「念力ゲーム器」としても活用できます。
　LED の各位置に番号付けすると良いでしょう．LED を外部に円形にレイアウトして組上げると，ルーレットのような雰囲気が得られます．

(1) 回路のブロック図

　図 19.1 に回路のブロック図を示します．「クロック信号発振部」，「8 進カウンタ部」，「デコーダ部」，「LED 表示部」の各ブロックで構成されています．

　「クロック発振部」は，押しボタン・スイッチを押すと「LED 表示部」の LED が順番に 8 個点灯させるモトになる所です．

　押しボタン・スイッチを押している間中，ある一定の周波数のパルスを発生しますが，押しボタン・スイッチを放すと，周波数はだんだん低下し，最後には発振を停止するようになっています．

　「8 進カウンタ部」は，「クロック信号発振部」から与えられるクロック信号を数えて 3 ビット（桁）のカウンタ値を「デコーダ部」に送ります．入力クロックが高速なら，速くカウントし，低速ならゆっくりカウントします．

　「デコーダ部」は「カウンタ部」からのカウント値（3 桁）のデータ

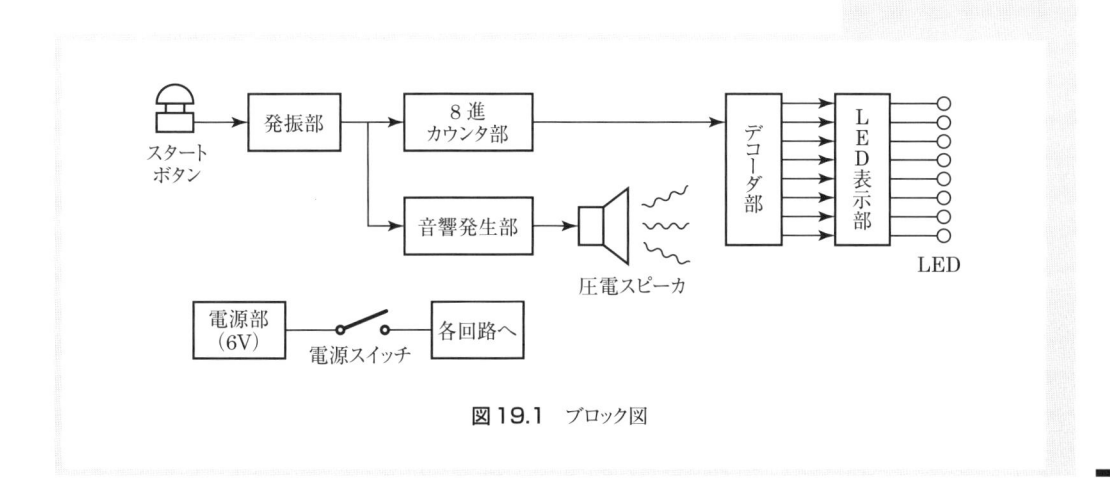

図 19.1　ブロック図

を解読して，0から7の信号を発生します。

「LED表示部」は，「デコーダ部」が発生する0～7の信号を受けてLEDを点灯する所，LEDを駆動するための増幅回路も含ませています。

「音響発生部」は，LEDが順次点灯する時，点灯に合わせて「ピ・ピ・ピ…」と音を発生する所です。

(2) 製作する回路図

図19.2に回路図を示します。IC3個，トランジスタ8個，LED8個，

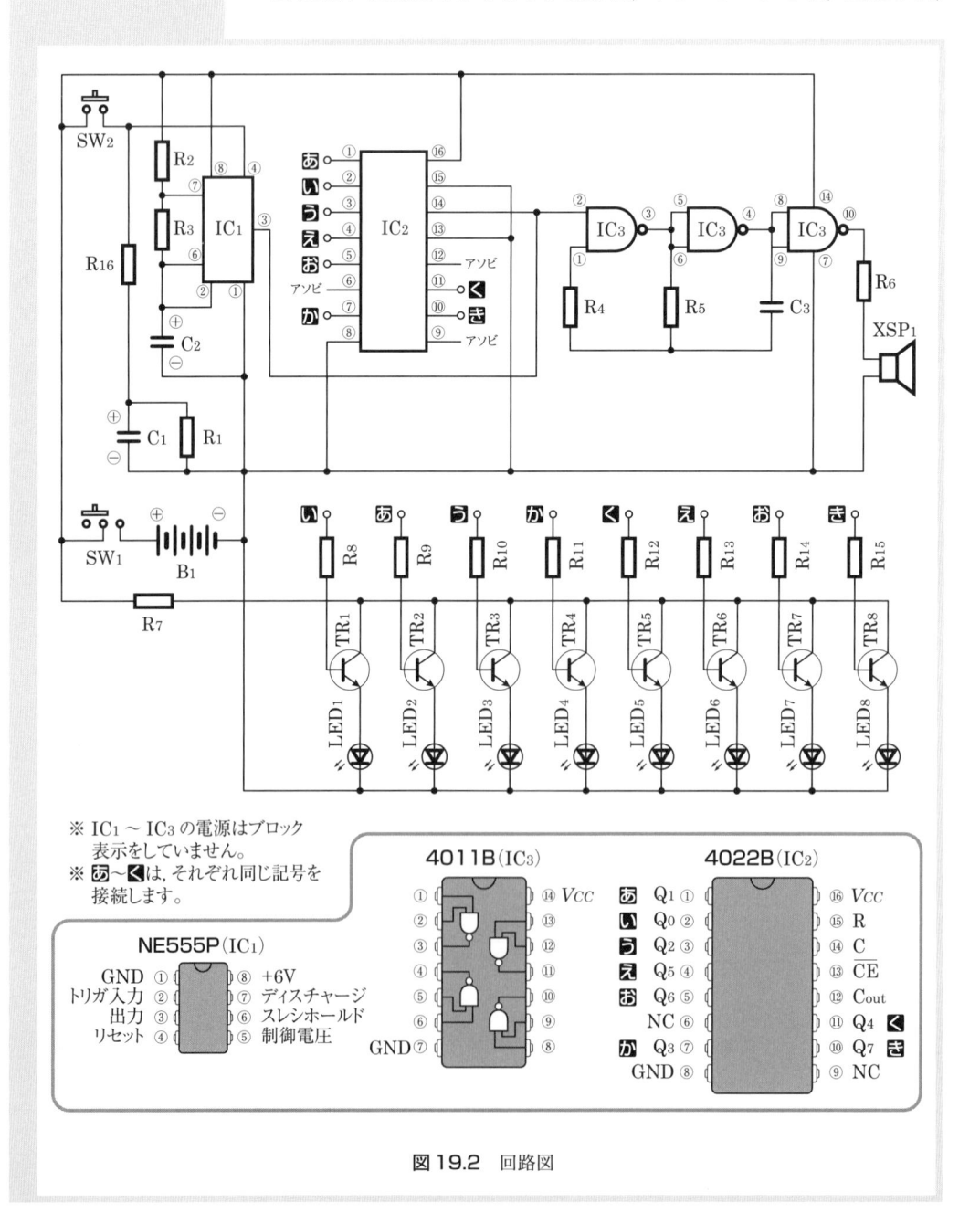

図19.2 回路図

圧電スピーカ1個，抵抗16個，コンデンサ3個，押しボタン・スイッチ1個，単三乾電池4個（6V），乾電池ホルダ（単三4個用）1個が主な部品です。

「発振部」のIC_1は，タイマIC「555」をアステーブル・モードで動作させます。スタート・スイッチSW_2を任意の時間押すと，IC_1ピン④に電源が与えられ，IC_1は動作を開始します。すると，IC_1ピン③の出力端子からクロック信号が出され，IC_2（デコーダ内蔵・8進カウンタ）とIC_3のゲート回路で構成する低周波発振回路に送られます。

IC_2では出力0～7までの8種類の信号が，IC_2ピン⑭の入力に準じて，順番に出力されて，トランジスタTr_1～Tr_8を順番に駆動するので，LED_1～LED_8が同じく順番に点灯します。

スタート・スイッチSW_2を押し続ける時間に応じて，IC_1の動作期間が変化します。それは，コンデンサC_1に充電量に起因するからです。

「電子ルーレット」動作を停止するために，スタート・スイッチSW_1を切ったとします。するとコンデンサC_1に充電された電荷が放電抵抗R1によって，徐々に電圧が低下していきます。IC_1ピン④の電位が徐々に低下して，不動作電圧になるまでの時間遅れを得るための回路です。

表19.1　部品表

番号	部品名［表示］	型番・容量など	個数
IC_1	IC（タイマIC）	NE555P	1
IC_2	IC（CMOS型・カウンタ回路）	4022B	1
IC_3	IC（CMOS型・NAND回路×4）	4011B	1
Tr_1～Tr_8	トランジスタ（NPN型）	2SC1815Y	8
LED_1～LED_8	LED	赤（5φ）	8
C_1	電解コンデンサ	100μF（16WV）	1
C_2	電解コンデンサ	1μF（50WV）	1
C_3	コンデンサ［103］	0.01μF	1
R_1，R_5	抵抗［赤赤橙金］	22kΩ（1/4W）	2
R_2，R_6，R_7，R_{16}	抵抗［茶黒赤金］	1kΩ（1/4W）	4
R_3	抵抗［茶緑橙金］	15kΩ（1/4W）	1
R_4	抵抗［赤赤緑金］	2.2MΩ（1/4W）	1
R_8～R_{15}	抵抗［茶黒橙金］	10kΩ（1/4W）	8
XSP_1	圧電スピーカ	PKM17EPPH4001-B0〈村田製作所〉	1
SW_1	スライドスイッチ	単極双投（ON-ON）タイプ，ICピッチ	1
SW_2	押しボタンスイッチ	単極単投タイプ，ICピッチ	1
B_1	単三乾電池		4
	電池ボックス	単三×4／リード付	1

19. 電子ルーレット

製作編

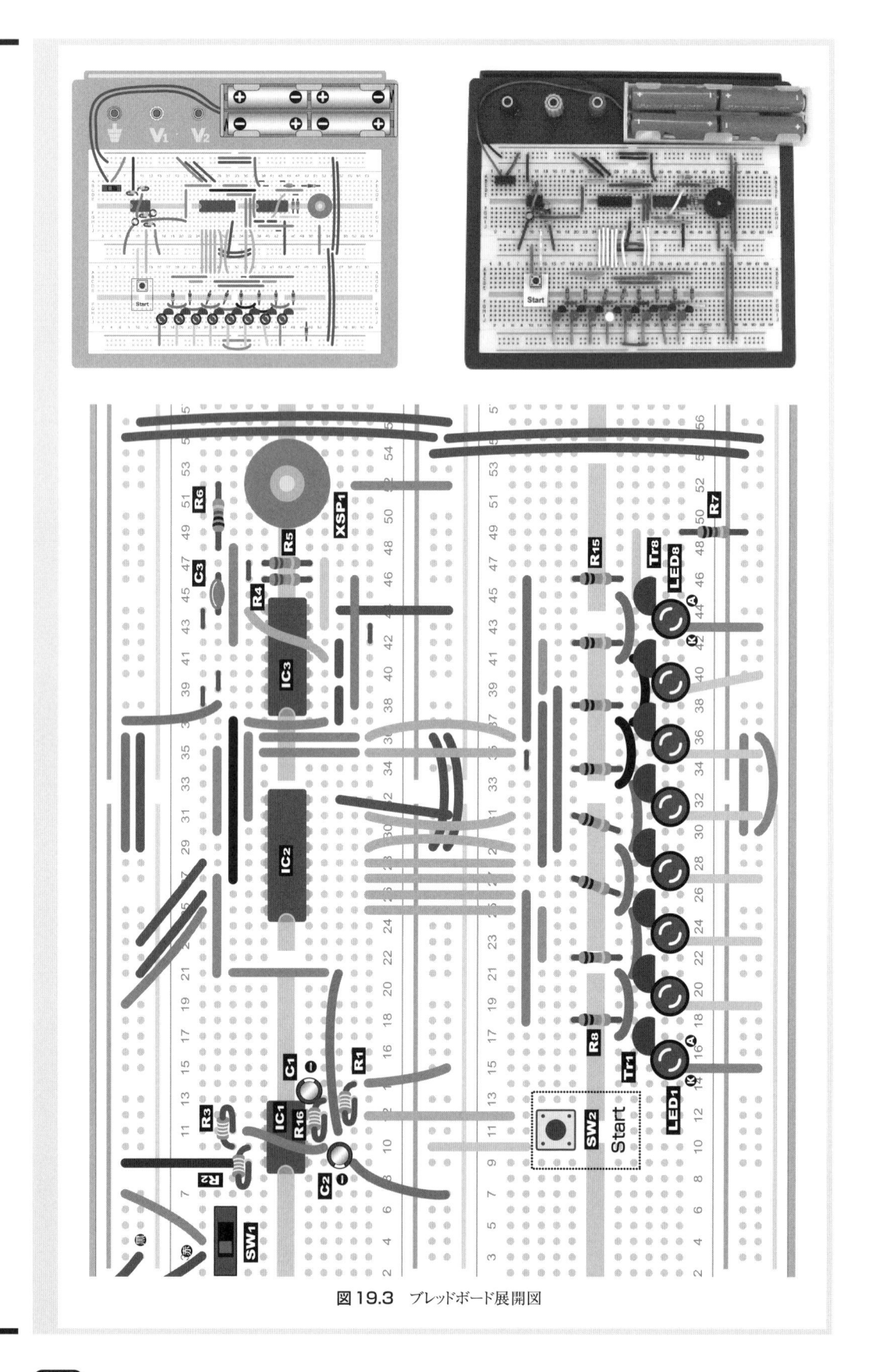

図19.3　ブレッドボード展開図

(3) ブレッドボードへの実装

図 19.3 にブレッドボードに部品類を実装した展開図を示します。使用したジャンパー線の一覧を表 19.2 に示します。IC ピッチの押しボタン・スイッチを使用し，圧電スピーカはブレッドボード上に置きます。

表 19.2　使用したジャンパー線

	2.54	5.08	7.62	10.16	12.7	15.24	17.78
単線	6	2	2	9	6	16	10
	20.32	22.86	25.4	50.8	76.2	101.6	127
	4	10	5	4			
	50	70	100	150	ミノムシ		合計
より線							74

(4) この回路の操作方法

単三乾電池 4 本を乾電池ホルダにセットし，電源スイッチ SW_1 を ON にします。スタート・スイッチ SW_2 を押すと，「電子ルーレット」が動作を開始します。音を出しながら LED を順に点灯します。

スタート・スイッチ SW_2 を放すと，しばらく経って音と LED の動きが停止します。

停止し点灯している LED の場所がゲーム結果です。

20. 電子メトロノーム

製作する「電子メトロノーム」は，メトロノームのスタートとエンドに，「ピッ」と音を出すとともに，振り子の動きの代わりにLED3個で光の動きを表示させるようにしてあります。

ICはCMOSタイプにしてあります。電源の消費を抑えるため，LEDの点滅は「スタート」，「中央」，「エンド」の3点としました。もちろん，回路には0～9までの10点が表示できるようになっていますから，実験したい方は，表示数の増加に挑戦してみて下さい。

(1) 回路のブロック図

図20.1に「電子メトロノーム」の回路ブロック図を示します。

図20.1を見て下さい。「可変パルス発生器」から発生したパルスは，

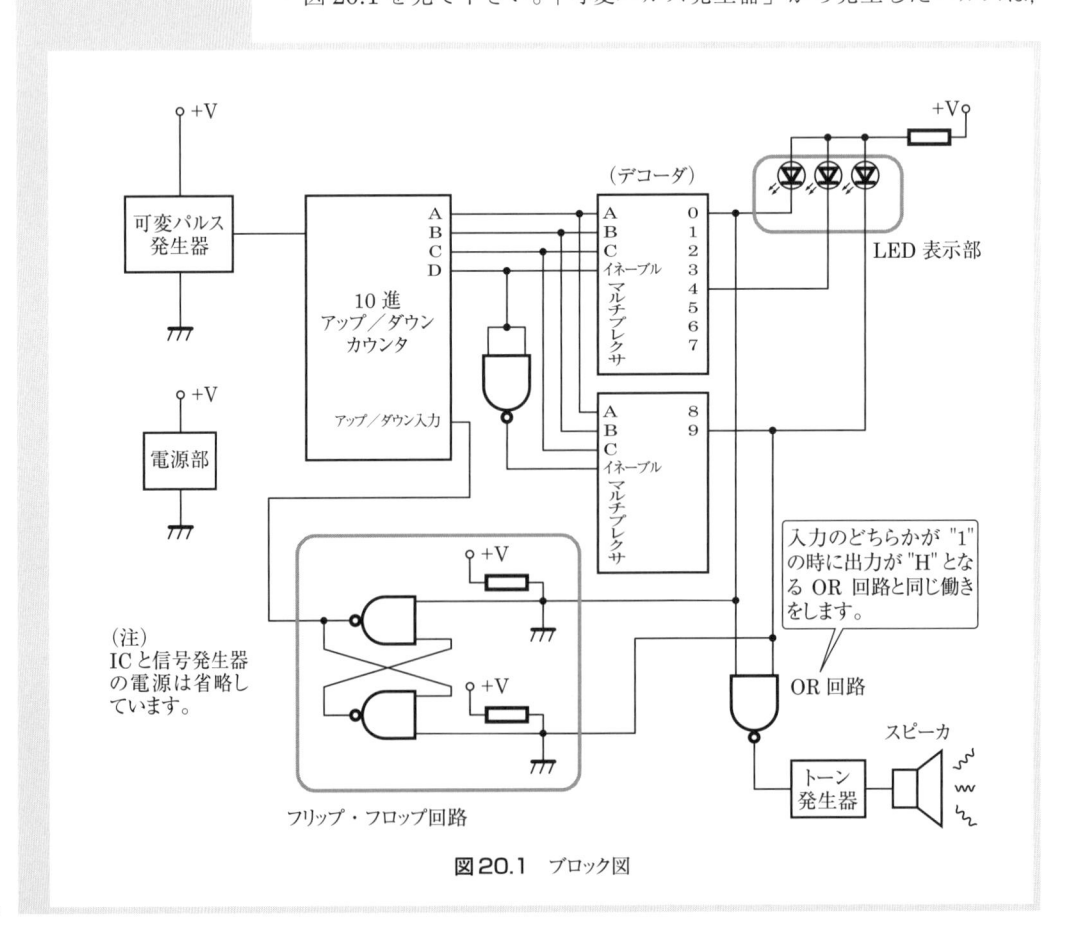

図20.1　ブロック図

アップダウン・カウンタに送られ，計数されます．本器では，10進カウンタの構成にしています．10進カウンタは，0～9の10種類の4ビット・2進コードを出力します．

このコードをデコード（解読）し，0～9の出力を得ます．まずカウンタの動作をアップ・ダウンさせるための制御を行わせます．LEDを点灯させたとき，振り子のように，行ったり来たりの連続動作をさせるために，カウンタ値が0から8まではカウント・アップ動作させ，カウンタ値が9になったらカウント・ダウン動作にするわけです．これで，LED表示が行ったり来たりの動作が可能となります．

次にLED表示では，このデコーダの最初の出力0と，4または5の中央部分，それに最後の9の出力を得てLEDを点灯させます．

また，「音」の発生ですが，振り子の始まりと終わりの場所で音を出すわけですから，デコーダの出力の0と9の信号で音を発生する「トーン発生器」を駆動すればよいのです．

(2) 製作する回路図

図20.2に回路図を示します．IC6個，ダイオード2個，LED3個，抵抗6個，可変抵抗器1個，コンデンサ5個，8Ωスピーカ1個，単三乾電池4個（6V），乾電池ホルダ（単三4個用）がおもな部品です．

「可変パルス発生器」はIC_1の「555」を使用して，アステーブル・マルチバイブレータモードで動作させています．発振周波数の変化は，ボリュームVR_1で行います．IC_1の出力端子③から出力されたパルス信号はIC_2の4029B「パラレル　バイナリ／BCD　アップ／ダウンカウンタ」に与えられます．このカウンタは16進カウンタと10進カウンタの動作選択ができ，かつアップ／ダウン動作が可能な便利なカウンタです．本器では，10進のアップ／ダウンカウンタ動作を選択しました．

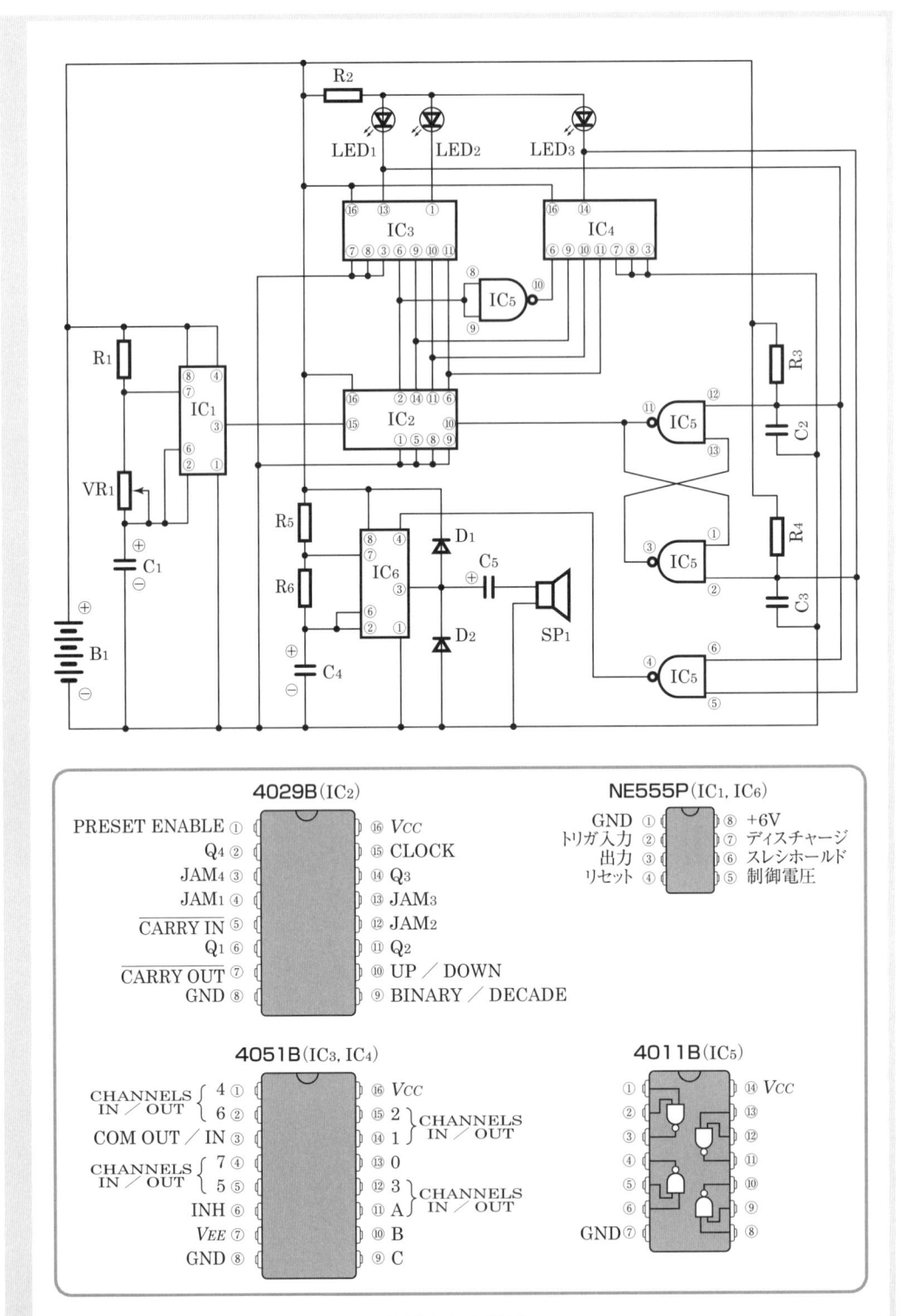

図20.2 回路図

4029B (IC$_2$)

ピン	信号	ピン	信号
①	PRESET ENABLE	⑯	V_{CC}
②	Q_4	⑮	CLOCK
③	JAM$_4$	⑭	Q_3
④	JAM$_1$	⑬	JAM$_3$
⑤	$\overline{\text{CARRY IN}}$	⑫	JAM$_2$
⑥	Q_1	⑪	Q_2
⑦	$\overline{\text{CARRY OUT}}$	⑩	UP／DOWN
⑧	GND	⑨	BINARY／DECADE

NE555P (IC$_1$, IC$_6$)

ピン	信号	ピン	信号
①	GND	⑧	+6V
②	トリガ入力	⑦	ディスチャージ
③	出力	⑥	スレシホールド
④	リセット	⑤	制御電圧

4051B (IC$_3$, IC$_4$)

ピン	信号	ピン	信号
①	CHANNELS IN／OUT 4	⑯	V_{CC}
②	CHANNELS IN／OUT 6	⑮	CHANNELS IN／OUT 2
③	COM OUT／IN	⑭	CHANNELS IN／OUT 1
④	CHANNELS IN／OUT 7	⑬	CHANNELS IN／OUT 0
⑤	CHANNELS IN／OUT 5	⑫	CHANNELS IN／OUT 3
⑥	INH	⑪	A
⑦	V_{EE}	⑩	B
⑧	GND	⑨	C

4011B (IC$_5$)

(4つの2入力NANDゲートを含む、14ピンDIP。⑭ V_{CC}、⑦ GND)

20. 電子メトロノーム／製作編

表 20.1 部品表

番号	部品名[表示]	型番・容量など	個数
IC_1, IC_6	IC（タイマIC）	NE555P	2
IC_2	IC（CMOS型・[2進/10進・アップ/ダウン]カウンタ）	4029B	1
IC_3, IC_4	IC（CMOS型・マルチプレクサ）	4051B	2
IC_5	IC（CMOS型・NAND回路×4）	4011B	1
D_1, D_2	ダイオード	1S2076A	2
$LED_1 \sim LED_3$	LED	赤（5φ）	3
C_1	コンデンサ[224]	$0.22\mu F$	1
$C_2 \sim C_3$	コンデンサ[473]	$0.047\mu F$	2
C_4	コンデンサ[104]	$0.1\mu F$	1
C_5	電解コンデンサ	$10\mu F$（16WV）	1
VR_1	可変抵抗	$1M\Omega$（B型）	1
R_1	抵抗[赤赤黄金]	$220k\Omega$（1/4W）	1
R_2	抵抗[橙橙茶金]	330Ω（1/4W）	1
R_3, R_4	抵抗[茶黒橙金]	$10k\Omega$（1/4W）	2
R_5	抵抗[茶緑赤金]	$1.5k\Omega$（1/4W）	1
R_6	抵抗[黄紫黄金]	$470k\Omega$（1/4W）	1
SP_1	スピーカ	8Ω	1
B_1	単三乾電池		4
	電池ボックス	単三×4／リード付	1

　IC_2の出力は4ビットのA(1)・B(2)・C(4)・D(8)が出力され，0～9の4ビット2進コード（符号）が出力されます。このカウンタ出力をデコード（解読）するわけですが，ここではデコーダとしてIC_3とIC_4の4051Bに送られます。

　ここでおわかりかと思いますが，カウンタ出力は4ビットですが，IC_3とIC_4のそれぞれは3ビット入力です。したがって2個のマルチプレクサ（4051B）を使用して，0～9までの出力を得るわけです。カウンタIC_2からの出力はIC_3（0～7用）とIC_4（8～9用）へはデータとして出力A，B，Cの3本を使用して，カウンタIC_2出力DはIC_3とIC_4の「動作禁止」コントロール入力ピン⑥に与えます。この入力が"0"レベルのときICが動作を行い，"1"レベルのときICは動作を停止します。

　したがって，カウンタIC_2の4ビット目のD信号を，IC_3とIC_4のこの「動作禁止」コントロール入力端子⑥に与えてるのです。

　もし，カウンタIC_2「動作禁止」コントロール入力が0からスタートしたとしましょう。カウンタIC_2のD出力は，カウントが8以上になって初めて"H"レベルになり，カウント値が0～7までの間のD出力は"L"になっています。ですから，IC_3はカウンタIC_2のD出力が"L"レ

ベルのとき動作を行い，IC_4 は不動作となります．逆にカウンタ IC_2 の値が $8 \cdot 9$ になると D は "H" レベルになり，IC_3 は不動作，IC_4 は動作となり，$8 \cdot 9$ の出力を行うわけです．

ここで，カウンタのアップとダウンの自動切り替え方法を説明しましょう．これを行わないと，いつも一方の方向からしか光が流れません．もどす動作が必要なのです．

マルチプレクサ※ IC_3 と IC_4 の出力を用いて切り替え信号を得ます．まずアップカウンタ※にするのは，デコードの値が 0 の時ですから，この "0" 信号を用いてフリップフロップ回路を動作（セット動作）させ IC_5 の出力ピン⑪を "H" レベルにすることによって，カウンタ IC_2 の［アップ／ダウン］コントロール入力ピン⑩を "H" にすることによって，IC_2 をアップカウンタ動作にします．

また，このフリップフロップ回路のリセット動作は，カウント値が最上位の 9 になったら，カウント動作をダウンカウンタ※にしてやります．マルチプレクサ IC_4 の出力ピン⑭（数値 9 の出力端子）の信号で，フリップフロップ回路のリセットを行うのです．このフリップフロップ回路がリッセット状態になると，IC_5 出力ピン⑪が "L" レベルとなり，カウンタ IC_2 のアップ／ダウン制御入力端子⑩は "L" レベルになるので，カウンタ IC_2 はダウン動作をします．この一連の動作が，カウント値 "0" と "9" の値で交互に自動的に行われるのです．

なお，フリップフロップ回路のセット・リセット動作には，カウンタの出力状態を見てからアップかダウンを決めますから，フリップフロップ回路の入力 IC_5 ピン⑫と IC_5 ピン②には，次をどうするかを切り替える状態を保持します．

マルチプレクサ IC_3 と IC_4 の出力に LED を接続すれば，順番に点灯します．LED の極性は，マルチプレクサ側に LED のカソード（K）を接続し，LED のプラス側（アノード：A）はすべてまとめて電流制限抵抗 R_2 を通して，プラス電源に接続されます．

本器では "0"，"4"，"9" の 3 つだけを点灯用に使いました．もし，10 個の LED を点灯させたいときには，図 20.3 のようにすると，きめ細かい LED の点滅が楽しめます．

IC_6 の「トーン発生器」は，おなじみタイマ IC「555」を使用した発信器です．これもアステーブル・モードで動作させていますから，「可変パルス発生器」と同じ構成です．ただ，「ピー」という音にするわけですので，こちらの方は発振周波数は高くなります．

IC_6 の動作／不動作のコントロールは，IC_6 のリセット端子ピン④を使います．この入力端子ピンが "H" なら動作，"L" なら不動作となりま

※ 複数の入力信号から，制御信号によって 1 つの信号を選択して出力するような回路
※ 0-1-2-3-4-5-6-7-8-9 と数値が増える動作

※ 9-8-7-6-5-4-3-2-1-0 と数値が減る動作

図20.3 LEDを10個点灯させる回路

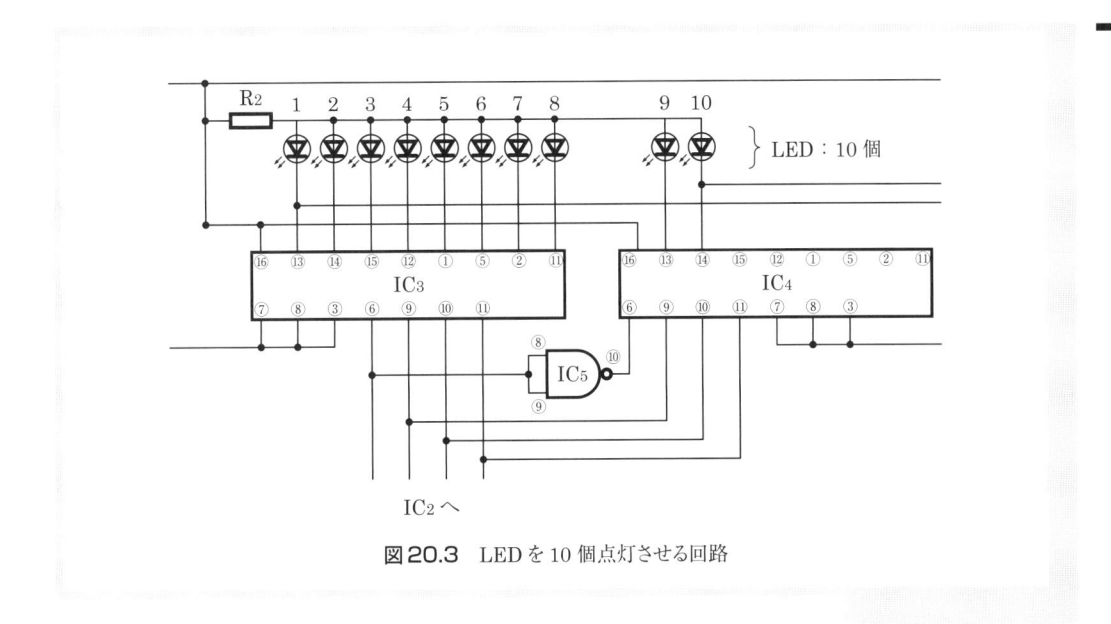

す。

したがって，フリップフロップ回路のセット信号とリセット信号でこのIC_6を動作させればいいので，これらの2信号の論理和（OR）もとって，IC_6のピン④に与えています。このOR回路はIC_5端子ピン④，⑤，⑥の部分なります。したがって，カウンタの数値が "0" と "9" のときだけ，「ピー」が発生することになります。

(3) ブレッドボードへの実装

図20.4にブレッドボードに部品類を実装した展開図を示します。使用したジャンパー線の一覧を表20.2に示します。スピーカにはミノムシクリップ付きワイヤを使用します。

表20.2 使用したジャンパー線

	2.54	5.08	7.62	10.16	12.7	15.24	17.78
単線	2	1	4	3	34	4	2
	20.32	22.86	25.4	50.8	76.2	101.6	127
	4	9	11	4	2		
より線	50	70	100	150	ミノムシ		合計
					2		82

(4) この回路の操作方法

単三乾電池4本をセットして電源を接続します。「電子メトロノーム」が動作を開始して，LEDの点滅とタイミング音が出力されます。タイミングの速度調整は可変抵抗器を回します。

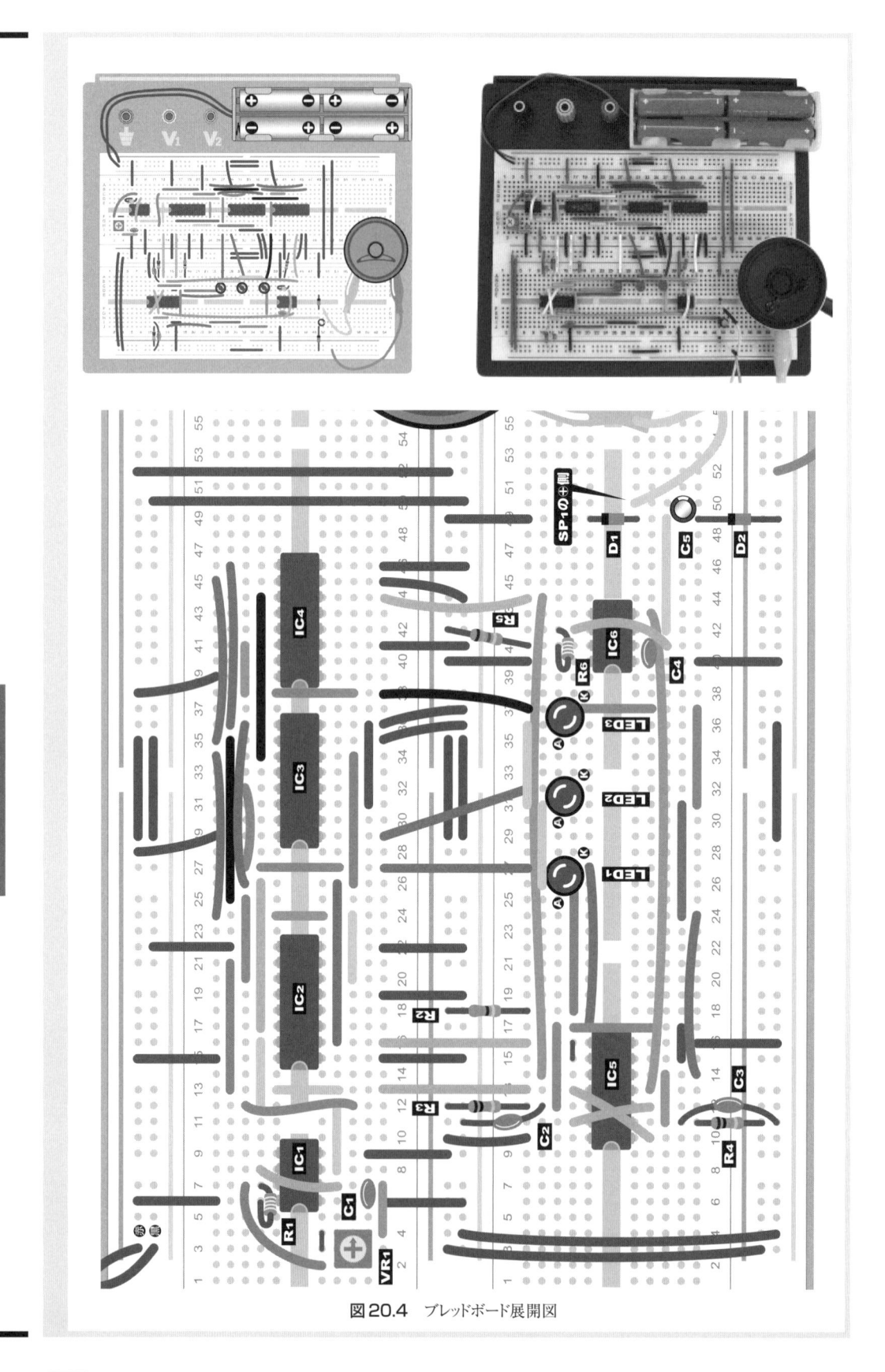

図20.4　ブレッドボード展開図

21. 1ビット加算器 (10進数表示)

基本的なデジタル値の加算回路です。ここでは，1ビットどうしの値を加算するものです。

"0" + "0" = "0"
"0" + "1" = "1"
"1" + "0" = "1"
"1" + "1" = "10"　(イチゼロ)　(10進数表示では2)

の加算結果を得る加算器です。

7セグメントLED数字表示器を用いて，結果値を10進数表示させるようにしました。

(1) 回路のブロック図

図21.1に回路のブロック図を示します。「被加算スイッチ」，「加数スイッチ」，「加算回路部」，「デコーダ/LEDドライバ部」，「7セグメント数字表示部」の構成です。

1ビットの加算を加算回路で行い，その結果を2進数→10進数に変換して7セグメントLED数字表示器に表示します。

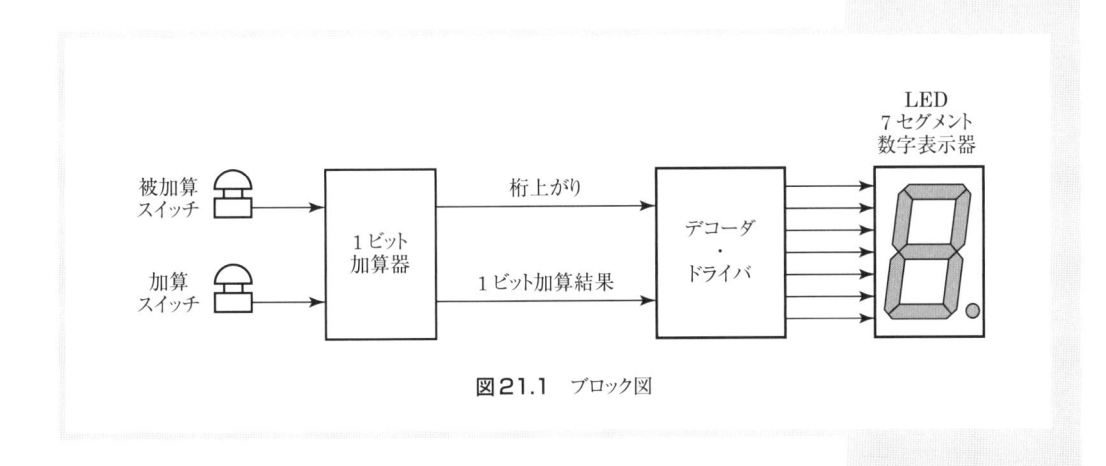

図21.1　ブロック図

(2) 製作する回路図

図21.2に「1ビット加算器」の回路図を示します。IC3個，LED数字表示器1個，整流ダイオード1個，抵抗9個，ICピッチスライド・スイッチ2個，単三電池4個（6V），乾電池ホルダ（単三4個用）がおもな部品です。

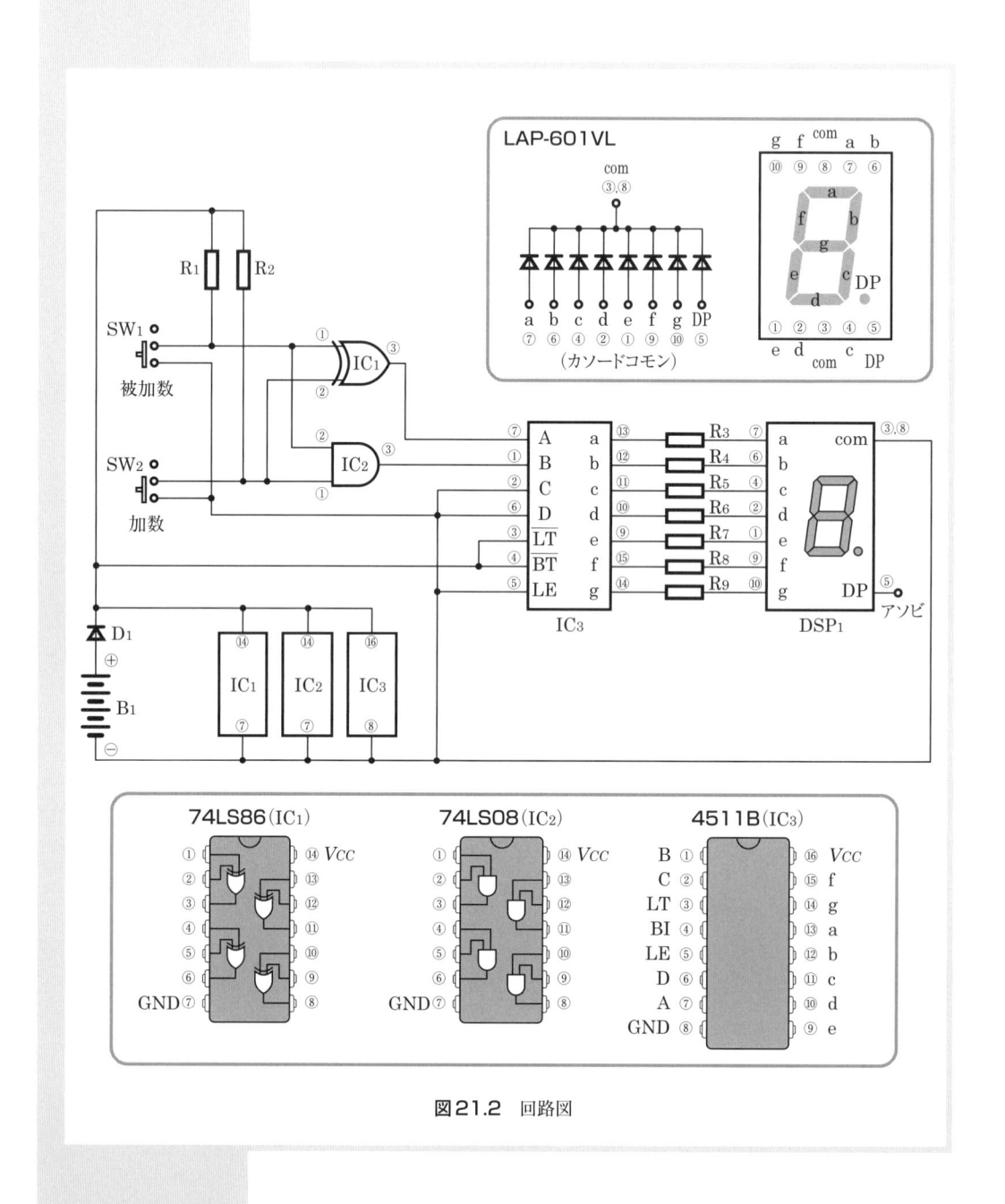

図21.2 回路図

表21.1 部品表

番号	部品名[表示]	型番・容量など	個数
IC$_1$	IC (TTL型・EX-OR回路×4)	74LS86	1
IC$_2$	IC (TTL型・AND回路×4)	74LS08	1
IC$_3$	IC (CMOS型・BCD入力7セグメントLEDデコーダ)	4511B	1
D$_1$	ダイオード	10DDA10〈日本インター〉	1
DSP$_1$	7セグメントLED(カソードコモン)	LAP-601VL〈ROHM〉	1
R$_1$, R$_2$	抵抗[茶黒橙金]	10kΩ (1/4W)	2
R$_3$〜R$_9$	抵抗[黄紫茶金]	470Ω (1/4W)	7
SW$_1$	スライドスイッチ	単極双投(ON-ON)タイプ, ICピッチ	2
SP$_1$	スピーカ	8Ω	1
B$_1$	単三乾電池		4
	電池ボックス	単三×4／リード付	1

(a) エクスクルーシブ・オア回路

IC$_1$はエクスクルーシブ・オア回路と呼びます。日本語では、「排他的論理和回路」と言います。どんな働きをする回路なのか説明しましょう。

図21.3(a)(b)にエクスクルーシブ・オア回路の図記号と等価回路、図(c)に真理値表を示します。

入力AとBがともに"0"か"1"の時のみ、出力Yは"0"になる回路です。まさに1ビットの加算ができる回路なのです。

ここで、Aを「被加数」、Bを「加数」としましょう。

A"0" + B"0" = Y"0"

A"0" + B"1" = Y"1"

A"1" + B"0" = Y"1"

A"1" + B"1" = Y"0" → 桁上がりアリ

となります。このエクスクルーシブ・オア回路を使うと、簡単に1ビットの加算回路が得られるわけです。桁上がり処理は、次の「22. 2進数

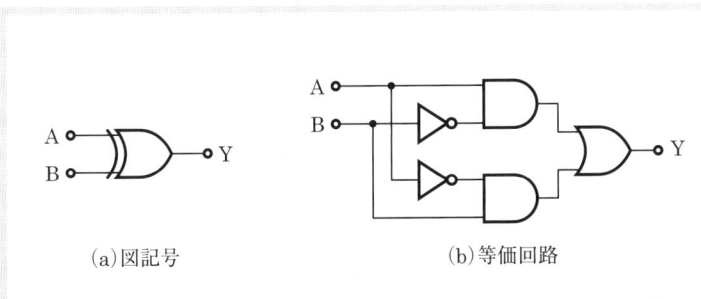

(c) 真理値表

入力		出力
A	B	Y
0	0	0
0	1	1
1	0	1
1	1	0

(a)図記号　　(b)等価回路

図21.3　エクスクルーシブ・オア回路

3桁加算器」で説明します。

それでは，回路図の説明に入ります。

加算の入力は1桁どうしですが，加算結果は2桁必要です。桁上がりを考慮する必要があるからです。IC_2 が桁上がり信号作成用 AND 回路です。

被加数スイッチ SW_1 が "0"，加数スイッチ SW_2 が "0" の時，IC_1 出力ピン③は "0"，IC_2 出力ピン③は "0"，したがって IC_3 入力ピン⑦，①がともに "0"，なので，IC_3 出力は7セグメント LED 数字表示器 DSP_1 に10進数字の0を表示する信号を出します。

被加数スイッチ SW_1 が "0"，加数スイッと SW_2 が "1" または，被加数スイッチ SW_1 が "1"，加数スイッと SW_2 が "0" の時は，IC_1 出力ピン③が "1"，IC_2 出力ピン③が "0" で，IC_3 出力は7セグメント LED 数字表示器 DSP_1 を，ともに10進数字の1を表示する信号を出します。

さて，桁上がりがある場合です。被加数スイッチ SW_1 が "1"，加数スイッチ SW_2 が "1"，またはその逆の場合では，IC_1 出力ピン③が "0"，IC_2 出力ピン③が "1" になります。今度は IC_3 の入力ピン⑦が "0"，IC_3 の入力ピン①が "1" となりますから，IC_3 出力は7セグメント LED 数字表示機 DSP_1 に10進数字の2を表示する信号を出します。

(3) ブレッドボードへの実装

図21.4にブレッドボードに部品類を実装した展開図を示します。使用したジャンパー線の一覧を表21.2に示します。IC ピッチのスライド・スイッチ2個を使います

表21.2 使用したジャンパー線

	2.54	5.08	7.62	10.16	12.7	15.24	17.78
単線		2		10	15	4	7
	20.32	22.86	25.4	50.8	76.2	101.6	127
	2	10	3	3			
より線	50	70	100	150	ミノムシ		合計
							56

(4) この回路の操作方法

単三乾電池4個を乾電池ホルダにセットします。「被加数」スイッチ SW_1，「加数」スイッチ SW_2 を "0" か "1" にセットして，7セグメント LED 数字表示器 DSP_1 の表示を確かめます。

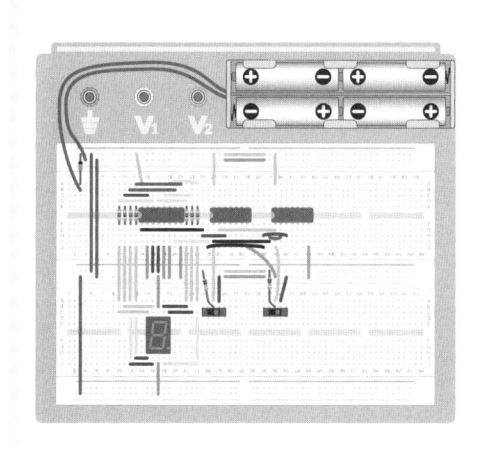

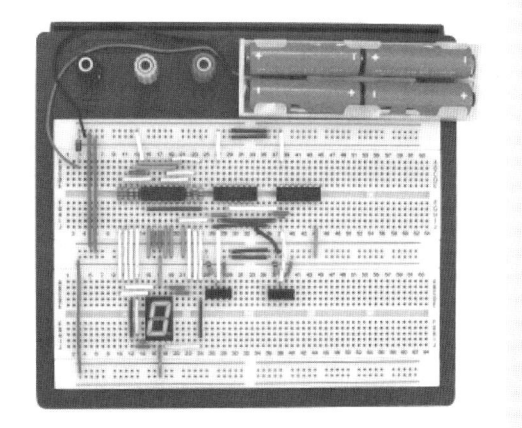

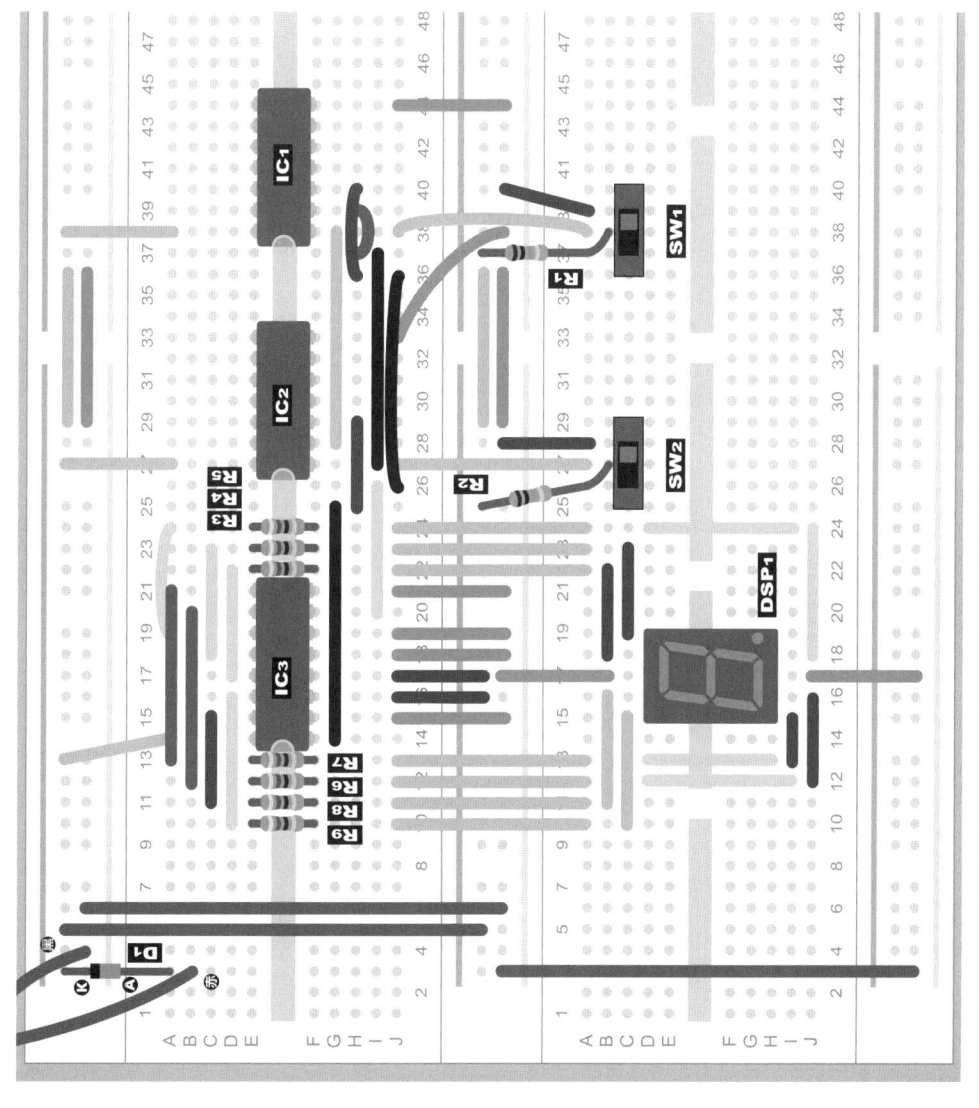

図21.4 ブレッドボード展開図

22. 2進数3桁加算器

ここでは，3桁どうしの2進数を加算する「3桁加算器」です。加算結果は，桁上がりが生じますから，4桁表示となります。

この「3桁加算器」の加算結果表示は，回路点数を少なくするために，10進数ではなく2進数表示にしました。そのため，4個のLEDで済ませています。

また，この回路では，便利な「エクスクルーシブ・オア」回路を使用せずに，基本的なゲート回路を組み合わせて作ってあります。

(1) 2進数の加算の約束

ここで，2進数加算での約束を示します。

(被加数)		(加数)		(結果：和)
"0"	+	"0"	=	"0"
"0"	+	"1"	=	"1"
"1"	+	"0"	=	"1"
"1"	+	"1"	=	"0"（C）

（C）はキャリーと呼び，「桁上がり有り」の意味です。

では，例をあげて2進数の加算を行ってみます。数列の右端が最下位となります。

被加数：110（10進数で表現すると，重み2の桁と4の桁が"1"で信号ありを示していますから，2 + 4 = 6となります。）

加数 ：101（10進数で表現すると，重み1の桁と4の桁が"1"で信号ありを示していますから，1 + 4 = 5となります。）

計算式で示すと，以下の通りとなります。

$$110 + 101 = 1011$$

結果の1011は10進数で表現すると 8 + 2 + 1 = 11 となります。8が桁上がり値です。

これから製作する加算器は，このような2進数の桁上がりを考慮したものです。

(2) 製作する回路図

(a) 半加算器（ハーフ・アダー：HA）

加算器では，下1桁のさらに下位からの桁上がりはありません。したがって，下1桁目の加算器には，桁上がりを受けて処理する必要はありません。この下位からの桁上がりを受けて処理をする必要の無い加算器を「半加算器」といいます。

しかし，上位を持つ2桁以上の加算では，桁上がり処理が必要です。この桁上がりを受けて，加算処理をする加算器は，「全加算器」と呼ばれる回路を使います。

ここで，下1桁の加算を考えてみます。被加数をA，加数をB，和をS_1，2桁目への桁上がりをC_1とすると，これらの変化を示す真理値表を図22.1(c)に示します。

真理値表から「半加算器」の動作は，論理式で示すと次のようになります。

$$S_1 = \overline{A} \cdot B + A \cdot \overline{B}$$
$$C_1 = A \cdot B$$

となります。

この論理式を説明すると，

① S_1（1桁目の和）は，「A（被加数）が0かつB（加数）が1の時か，A（被加数）が1かつB（加数）が0の時に，1を示す」

② C_1（1桁目からの桁上がり信号）は，「A（被加数）とB（加数）とが，ともに1の時に1を示す」

になります。以上の条件を満足する「半加算器」を回路で構成すると，

(a) 図記号

(c) 真理値表

入力		出力	
A	B	C	S
0	0	0	0
0	1	0	1
1	0	0	1
1	1	1	0

(b) 等価回路

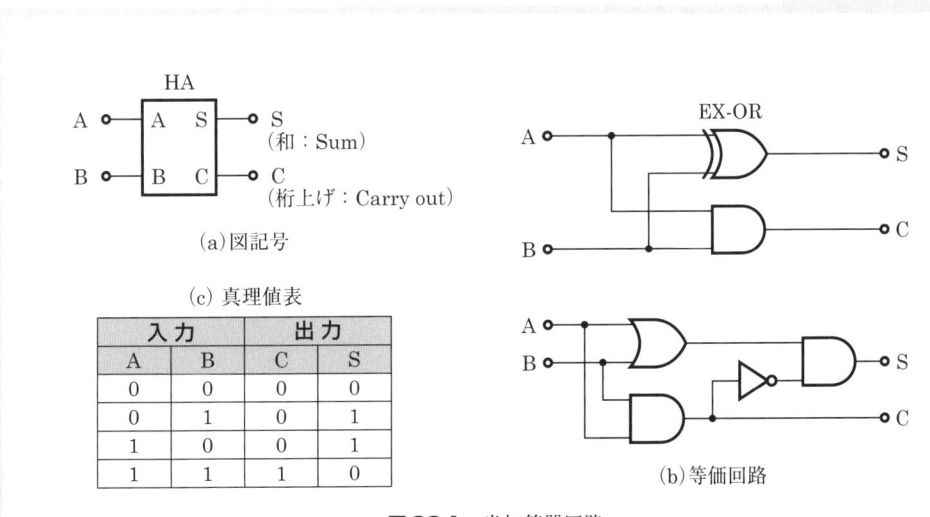

図22.1 半加算器回路

半加算器回路は図22.1(a)(b)のようになります。

(b) 全加算器（フル・アダー：FA）

それでは，2桁目以上の加算器を考えます。下位からの桁上がりを考慮します。被加数をA，加数をB，和をS_1，下位からの桁上がりをC_1，上位への桁上がりをC_2としての真理値表を作ると図22.2(c)のようになります。

この真理値表からから論理式を作ると，下記のようになります。

$$S_1 = \overline{A} \cdot B + A \cdot \overline{B}$$
$$S_2 = \overline{A} \cdot \overline{B} \cdot C_1 + \overline{A} \cdot B \cdot \overline{C_1} + A \cdot B \cdot C_1 + A \cdot \overline{B} \cdot \overline{C_1}$$
$$C_2 = \overline{A} \cdot B \cdot C_1 + A \cdot B \cdot \overline{C_1} + A \cdot B \cdot C_1 + A \cdot \overline{B} \cdot C_1$$

また，回路を考えると，図22.2(a)(b)のようになります。

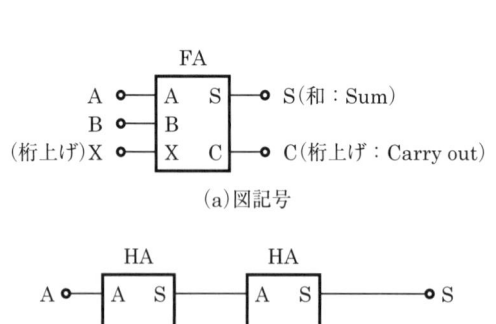

図22.2 全加算器回路

(a) 図記号

(b) 等価回路

(c) 真理値表

入力			出力	
A	B	X	C	S
0	0	0	0	0
0	1	0	0	1
1	0	0	0	1
1	1	0	1	0
0	0	1	0	1
0	1	1	1	0
1	0	1	1	0
1	1	1	1	1

(c) 2進数3桁加算器の回路

それでは，2進数3桁加算器の回路を作りましょう。ブロック図を図22.3に，回路図を図22.4に示します。IC7個，ダイオード1個，LED4個，抵抗10個，スライド・スイッチ6個，押しボタン・スイッチ1個，単三乾電池4個，乾電池ホルダ（単三4個用）1個がおもな部品です。

電源B_1（6V）に整流用ダイオードD_1を入れて5.3Vに低下させてTTL・ICに適合させています。

半加算器と全加算器を組み合わせて3桁の加算器を作っています。結果も桁上げ表示を考えて，4個の$LED_1 \sim LED_4$を設けてあります。

図22.3 ブロック図

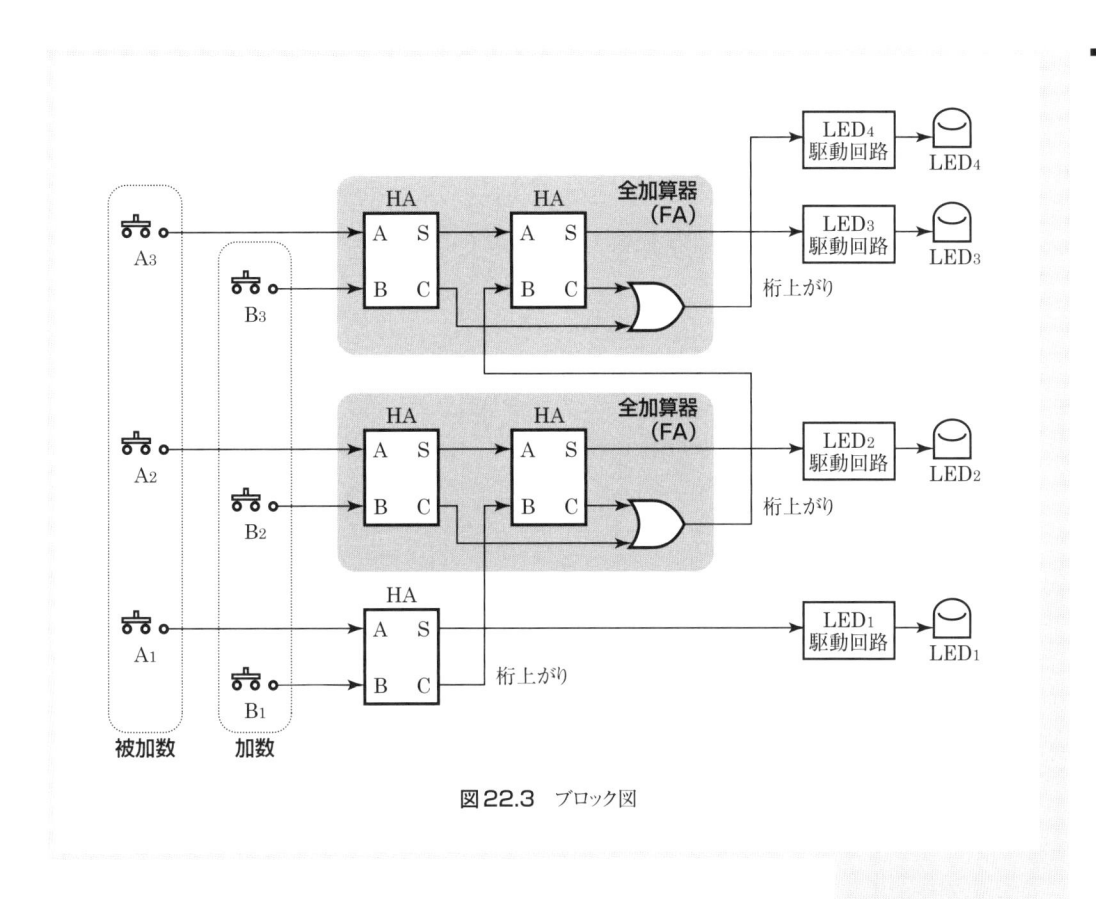

加算結果は，IC_7 のインバータを介して LED を表示させて行います。実際に点灯させるには，結果表示用スイッチ SW_7 の押しボタン・スイッチを押します。電源の消耗を少なくする対策です。

表22.1 部品表

番号	部品名［表示］	型番・容量など	個数
$IC_1 \sim IC_3$	IC（TTL型・AND回路×4）	74LS08	3
IC_4, IC_5	IC（TTL型・OR回路×4）	74LS32	2
IC_6, IC_7	IC（TTL型・NOT回路×6）	74LS04	2
D_1	ダイオード	10DDA10〈日本インター〉	1
$LED_1 \sim LED_4$	LED	赤（5φ）	4
$R_1 \sim R_6$	抵抗［茶黒橙金］	10kΩ（1/4W）	6
$R_7 \sim R_{10}$	抵抗［黄紫茶金］	470Ω（1/4W）	4
$SW_1 \sim SW_6$	スライドスイッチ	単極単投タイプ，ICピッチ	6
SW_7	押しボタンスイッチ	単極双投（ON-ON）タイプ，ICピッチ	1
B_1	単三乾電池		4
	電池ボックス	単三×4／リード付	1

図22.4　回路図

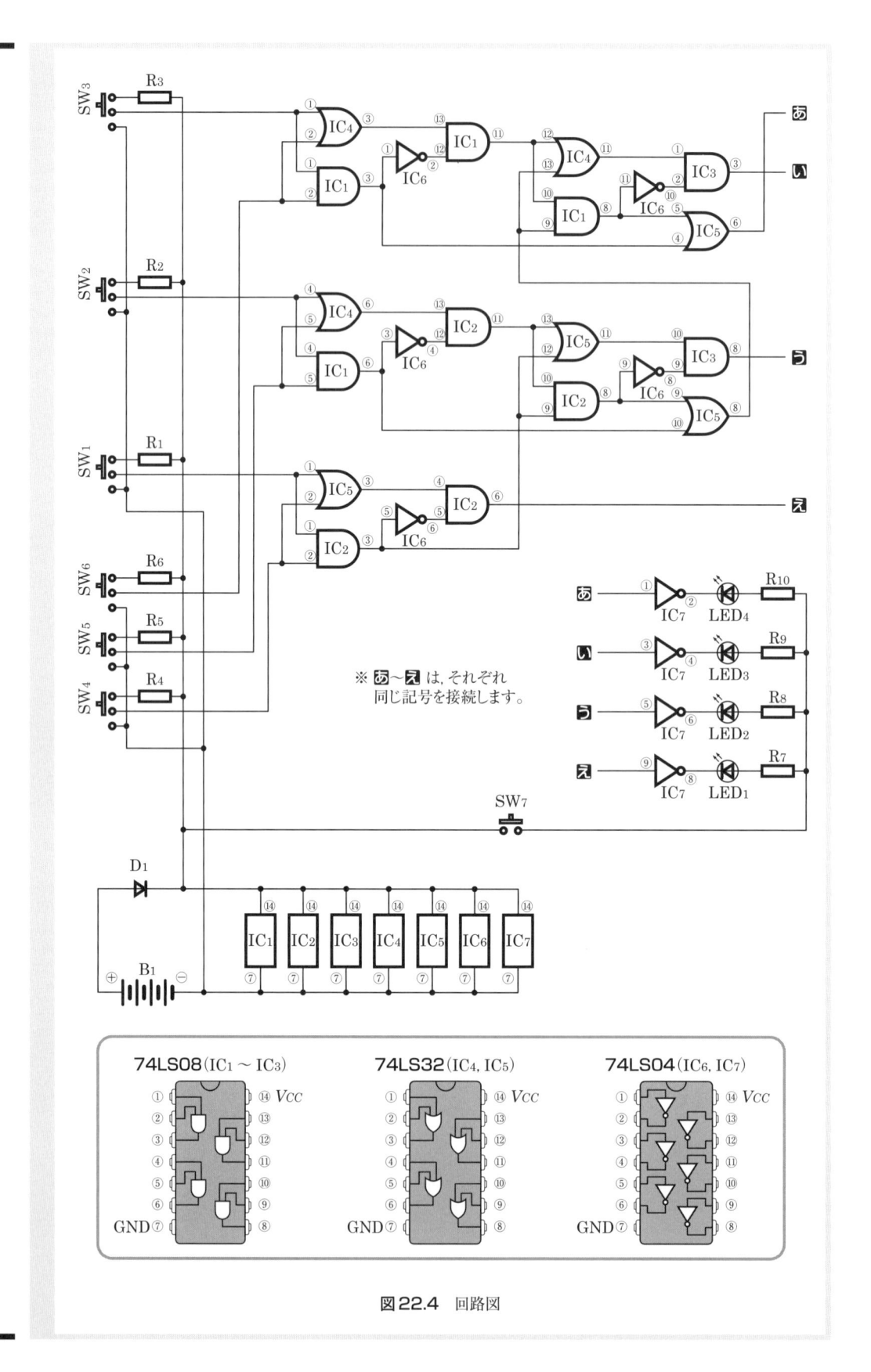

(3) ブレッドボードへの実装

図22.5にブレッドボードに部品類を実装した展開図を示します。使用したジャンパー線の一覧を表22.4に示します。

表22.2 使用したジャンパー線

	2.54	5.08	7.62	10.16	12.7	15.24	17.78
単線	2		4	11	8	5	17
	20.32	22.86	25.4	50.8	76.2	101.6	127
	2	5	10	10			
より線	50	70	100	150	ミノムシ		合計
		19	6	3			102

(4) この回路の操作方法

単三乾電池4個を乾電池ホルダにセットします。

「被加数」側のスライド・スイッチ3ビットをセットします。SW_1が1ビット目（重み1），SW_2が2ビット目（重み2），SW_3が3ビット目（重み4）です。例えばSW_1を"0"，SW_2を"1"，SW_3を"1"にします。110ですから，10進数の意味では6です。

つぎに「加数」側のスライド・スイッチ3ビットをセットします。SW_4が1ビット目（重み1），SW_5が2ビット目（重み2），SW_6が3ビット目（重み4）です。例えばSW_4を"1"，SW_5を"1"，SW_6を"1"にします。111ですから，10進数の意味では7です。

加算器は即座に計算を行っています。加算結果は押しボタン・スイッチSW_7を押すと見ることができます。LED_1が1ビット目（重み1），LED_2が2ビット目（重み2），LED_3が3ビット目（重み4），LED_4が4ビット目（重み8）です。

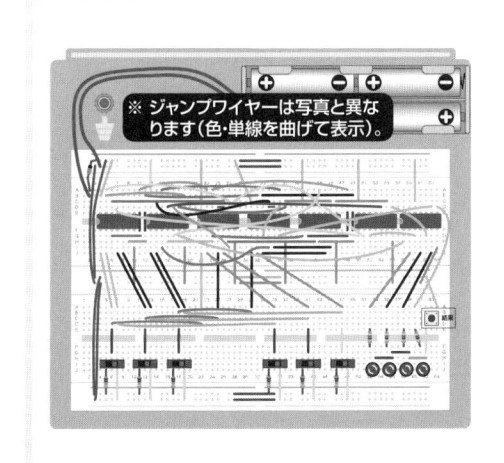

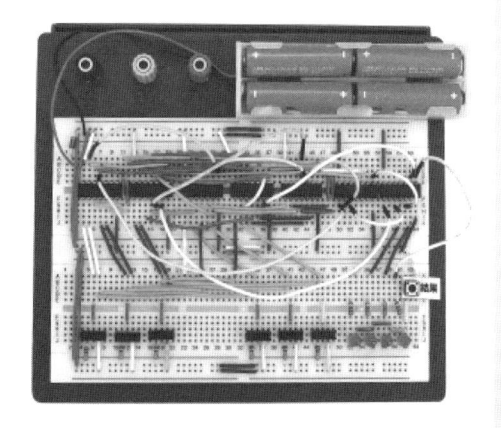

図22.5(1) ブレッドボード展開図

図22.5(2) ブレッドボード展開図

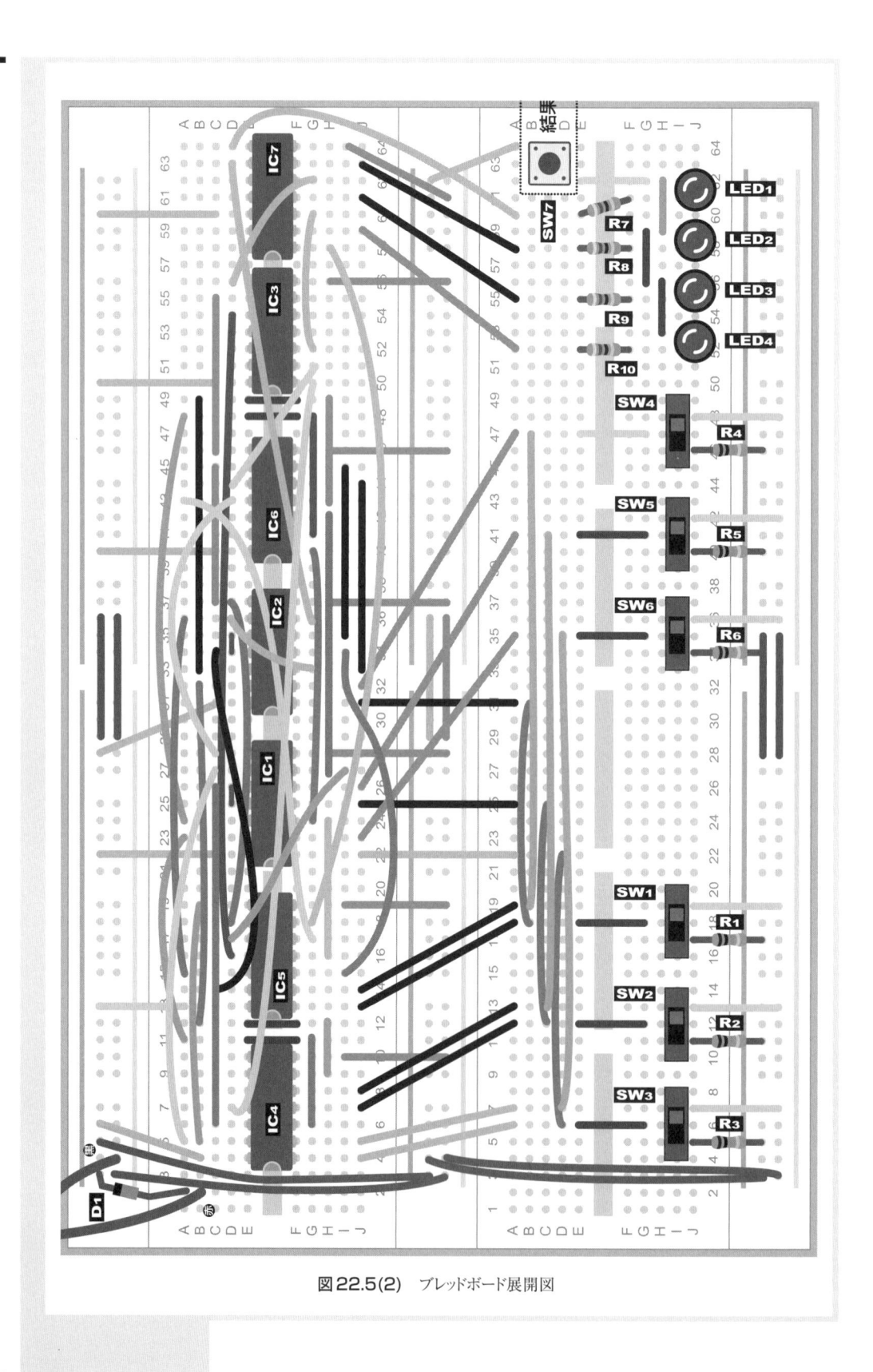

では SW_7 を押します。

$$\begin{array}{r} 110 \\ +)\ 111 \\ \hline 1101 \end{array} \rightarrow \text{(10 進数では 13 の意味です)}$$

和の結果が4ビット目が"1", 3ビット目が"1", 2ビット目が"0", 1ビット目が"1"ですから、これらに対応するLEDが表示するはずです。

したがって、SW_7 が押されると

LED_4：点灯, LED_3：点灯, LED_2：消灯, LED_1：点灯

を示します。点灯が"1", 消灯が"0"の意味ですから、各LEDを読むと1101です。

結果が正しいことがわかります。

23. YES／NO の回答数がすぐに解る「電子アンケート集計器」

デジタル IC 実験・応用回路として，動作が楽しめる実験セットの製作です。

(1) 製作する電子アンケート集計器とは

ある質問に対して，「YES の人」あるいは「NO の人」の押しボタンを押した数を数字表示するものです。該当者が何人いるかが，すぐに把握出来ます。本器は回答者ボタンを 8 個備えたミニ『電子アンケート集計器』です。

全員の回答が終了すると，数字表示機がカウント値の 0 から刻々と上昇していきます。止まったところが，集計結果です。学校や職場のイベントに，大うけ間違いありません。あなたなら，どんな質問をしますか？

(2) 回路のブロック図

(a) 本器の機能

図 23.1 に動作手順を示します。動作の流れを見ていただくと，テレビ番組でお馴染みの「電子アンケート集計器」もどきであることがわか

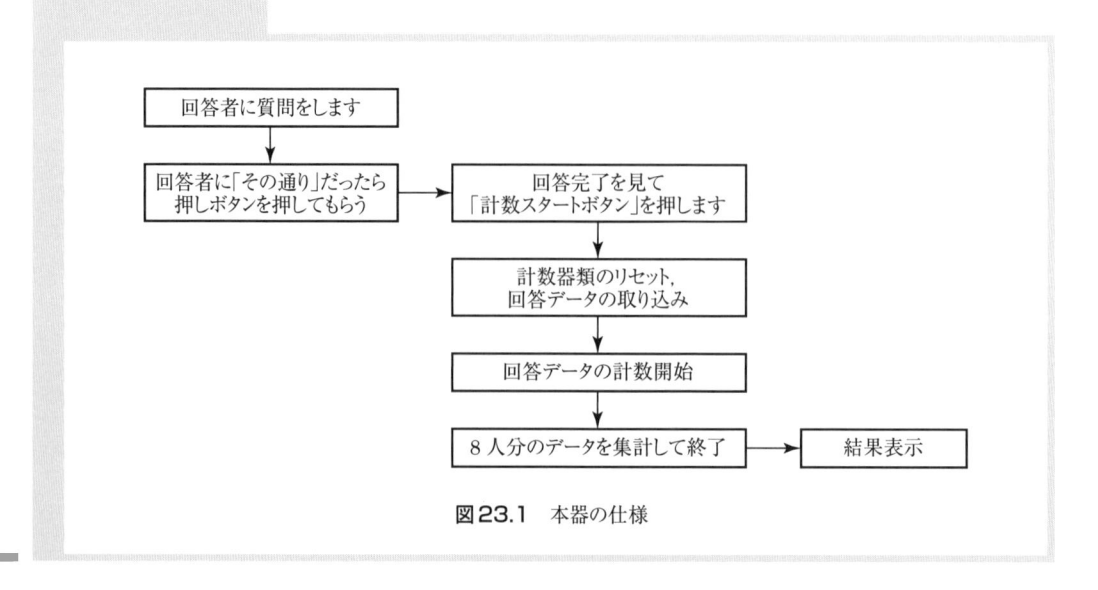

```
回答者に質問をします
      ↓
回答者に「その通り」だったら  →  回答完了を見て
押しボタンを押してもらう         「計数スタートボタン」を押します
                                      ↓
                              計数器類のリセット，
                              回答データの取り込み
                                      ↓
                              回答データの計数開始
                                      ↓
                              8人分のデータを集計して終了  →  結果表示
```

図 23.1　本器の仕様

図 23.2 ブロック図

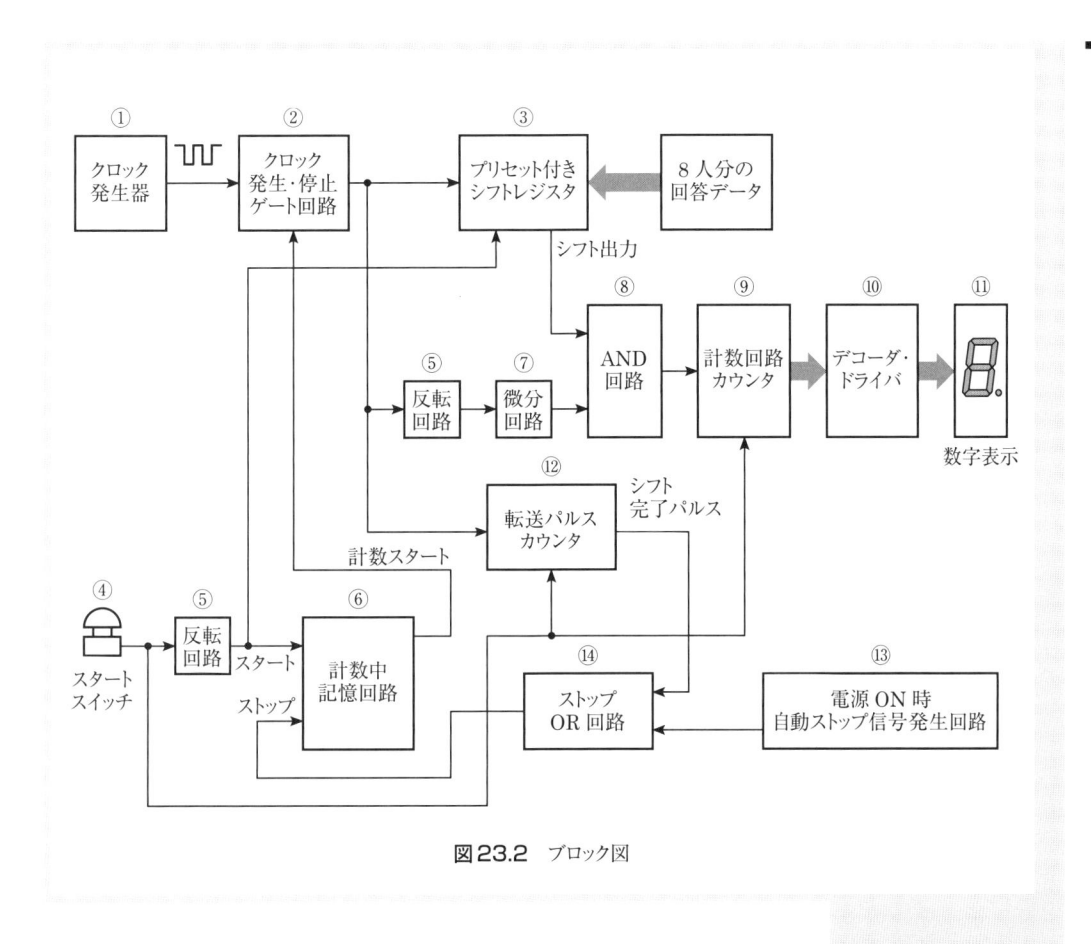

ります。

この動作を満足させる回路ブロックを図 23.2 に示します。

各ブロックを機能別に示すと，「①クロック発生器」，「②クロック発生・停止ゲート回路」，「③プリセット付きシフト・レジスタ」，「④スタート・ボタン」，「⑤反転回路」，「⑥計数中記憶回路」，「⑦微分回路」，「⑧AND 回路」，「⑨計数回路（カウンタ）」，「⑩デコーダ/ドライバ」，「⑪LED・7 セグメント数字表示器」，「⑫転送パルス・カウンタ」，「⑬電源 ON 時自動ストップ信号発生回路」，「⑭ストップ OR 回路」の 14 ブロックになっています。

それでは，ブロック図での信号の流れを説明します。

(b) 本器の信号の流れ

図 23.2 において，「①クロック発生器」のクロック信号で，データ変換を行わせます。

8 人の回答データ（並列データと呼びます）を直列データに変換して，その変換されたデータを計数して表示させようとするものです。

「④スタート・ボタン」を押すと，「⑨計数回路（カウンタ）」と「⑫

転送パルス・カウンタ」をリセットします。カウンタ（計数回路）をすべてクリアするわけです。続いて信号を反転させて「⑥係数中記憶回路」をスタート（セット）させます。記憶が実行されて計数スタート信号が発生します。同時に「③プリセット付きシフト・レジスタ」にパラレル・データを受け付けるデータ・セット信号を送ります。

「④スタート・ボタン」を押している指を離すと，カウンタのリセットは解除されるとともに，「③プリセット付きシフトレジスタ」はシリアル転送モードに切り替えられます。いま，記憶が実行されて計数スタート信号が発生していますから，「②クロック発生・停止ゲート回路」が開き，クロックが「③プリセット付きシフトレジスタ」に送られて，プリセットされた8人分のデータがシリアルに転送されます。シフト出力として送出されるわけです。

この信号はタイミングを合わせるために，クロックを反転させ，さらに「⑦微分回路」を通して波形を細いパルスに変えて，シリアル・データ信号と「⑧AND回路」で論理積（AND）がとられます。なぜ論理積をとるのかと言いますと，シリアル出力は1110000のようにデータが連続して並んで出力される場合，長い時間の1と長い時間の0となり，これをカウントすると値は3にならず，1のままになってしまいます。

ですから，クロック信号を使って，長い時間の1や長い時間の0を細分化することによって，正確な数を復元することができるわけです。

復元されたシリアル信号は，「⑨計数回路（カウンタ）」で計数され，「⑩デコーダ/ドライバ」を通して数字表示器用の符号に変えて「⑪LED・7セグメント数字表示器」を逐次表示させます。

一方，シフト用に送られるクロックを「⑫転送パルス・カウンタ」に送り，シリアル送出時間を計測して，送出完了に対してクロックを停止させるための信号を発生させます。

「⑫転送パルス・カウンタ」はカウント・アップ型の2進化10進カウンタで，9になった時点で桁上がり（キャリー）信号を出すタイプを用いてクロック停止用の信号に用います。

この信号が発生すると，「⑭ストップOR回路」を通して「⑥計数中記憶回路」のストップ側に送られ，計数中記憶がリセットされます。ここがリセット状態になると，計数スタートは無くなるので，「②クロック発生・停止ゲート回路」のゲートが閉じられ，クロックの出力は停止します。

初期状態に戻ったわけです。ここから，またまた新しい質問となるのです。

「⑬電源ON時自動ストップ信号発生回路」は，電源を入れた瞬間に，

「⑥計数中記憶回路」を強制的にリセット状態にして，正しく初期状態にする役目を持っています。

(3) 製作する回路図

(a) 本器の回路

回路ブロック図を基に作った回路を図 23.3 に示します．電源部は，単三乾電池 4 本（6V）に整流用ダイオードを挿入した回路です．回答者用の 8 個の押しボタン・スイッチ PB_1 ～ PB_8 は，IC ピッチ押しボタンスイッチを設けます．

(b) 主要回路の説明

● クロック発生器

タイマ IC555 を使ったおなじみの回路で，「アステーブル・モード」と呼ばれるもので，連続したクロック信号を発生します．発生信号の周波数は 1Hz に設定しています．

● クロック発生停止

NAND 回路を使用した簡単な回路です．入力のゲート制御側が "0" であると，出力は強制的に常に "1" の状態にしてしまうので，クロック信号の出力は生じません．ゲート制御側が "1" になると，クロック信号が出力側に発生します．水門を閉じたり開いたりするようなゲート機能の基本形です．

● プリセット付きシフト・レジスタ

本器での一番大事な心臓部です．8 人の回答者からの押しボタン・スイッチ信号を受け付けて，この受けた信号の「回答あり」の信号を取り出す部分です．

● スタート・ボタン

計数開始に使用するスタート・スイッチです．押して離すと自動的にもどるスイッチになっています．

● 反転回路

インバータと呼ばれる回路で，本器では 74LS04 がそれに当たります．入力信号をひっくり返す役目を持っています．

● 計数中記憶回路

スタート開始信号を受けて，その状態をシフト期間中保持記憶を行い，クロック信号のゲートを開く信号を作る回路です．74LS00 の IC を使って組み上げています．

この回路は一般的に R・S（リセット・セット）フリップフロップ回

図23.3 回路図

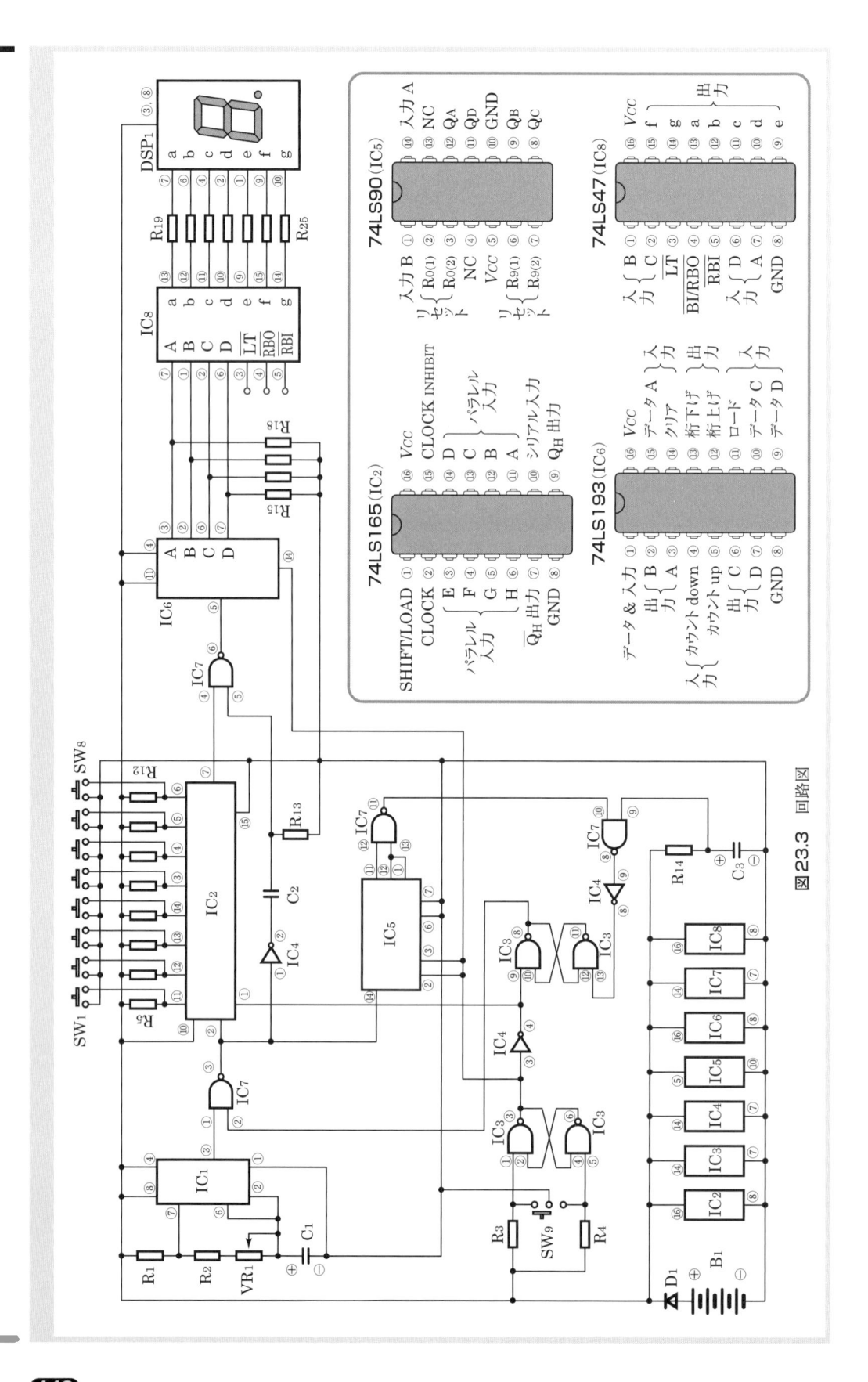

路といいます。セット側入力 a にスタート開始信号を受けると，出力 c は出力を発生し続け，リセット側入力 b に終了・停止信号を受けると動作が逆転し出力 c の出力は無くなります。簡単な記憶・保持回路です。

● 微分回路

微分波形を作る回路で，細いとんがった信号を作る時に使用します。直流ではコンデンサに瞬間的に電流を通すので，その瞬間的な電圧が出力 c に発生します。回路を図 23.4 に示します。

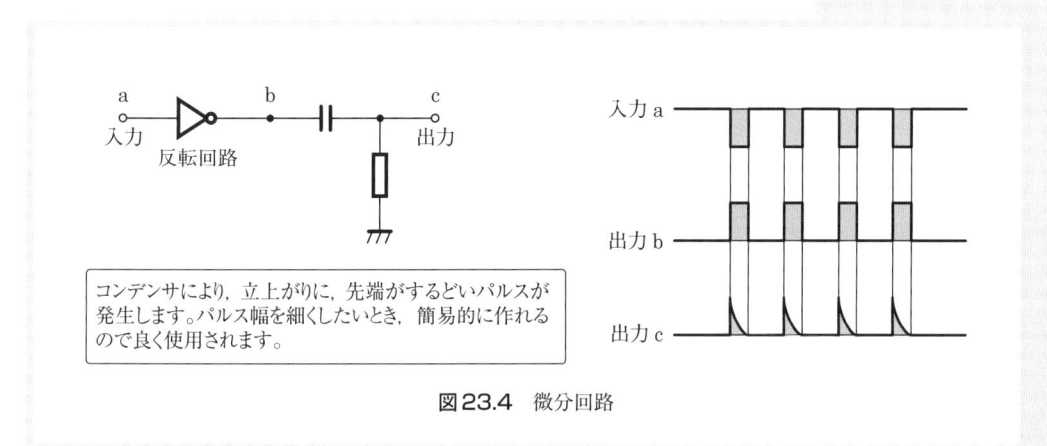

コンデンサにより，立上がりに，先端がするどいパルスが発生します。パルス幅を細くしたいとき，簡易的に作れるので良く使用されます。

図 23.4 微分回路

● AND（アンド）回路

入力信号すべてが "1" の時だけ "1" を出す回路です。本器では回路上 AND 回路の出力結果が "0" 出力として使いたいので，AND 結果を反転出力する NAND（ナンド）回路を使用しています。74LS00 という IC を使用しています。

本器ではシフト・レジスタから出されるシリアル・データをカウンタ用のパルスに復元させたりするのに利用しています。

● 計数回路 / デコーダ・ドライバ /LED7 セグメント数字表示器

回答者数を計数し，数字表示させる部分です。カウンタ出力の ABCD をデコーダ・ドライバに与えれば，簡単に 7 セグメントの数字表示が得られます。

LED の数字表示 7 つの要素（abcdefg）に分割され，個々の組み合わせで数字を表現しています。

これらの一連の動作を図 23.5 に示します。

● 転送パルス・カウンタ

シフト・レジスタのシフト数を計数して，シフト完了を発生させるカウンタです。10 進カウンタを使用し，0 からカウント・アップさせてフル・カウントになったらシフト終了信号を作っています。

● 電源 ON 時自動ストップ信号発生回路

図23.5 一連の回路動作

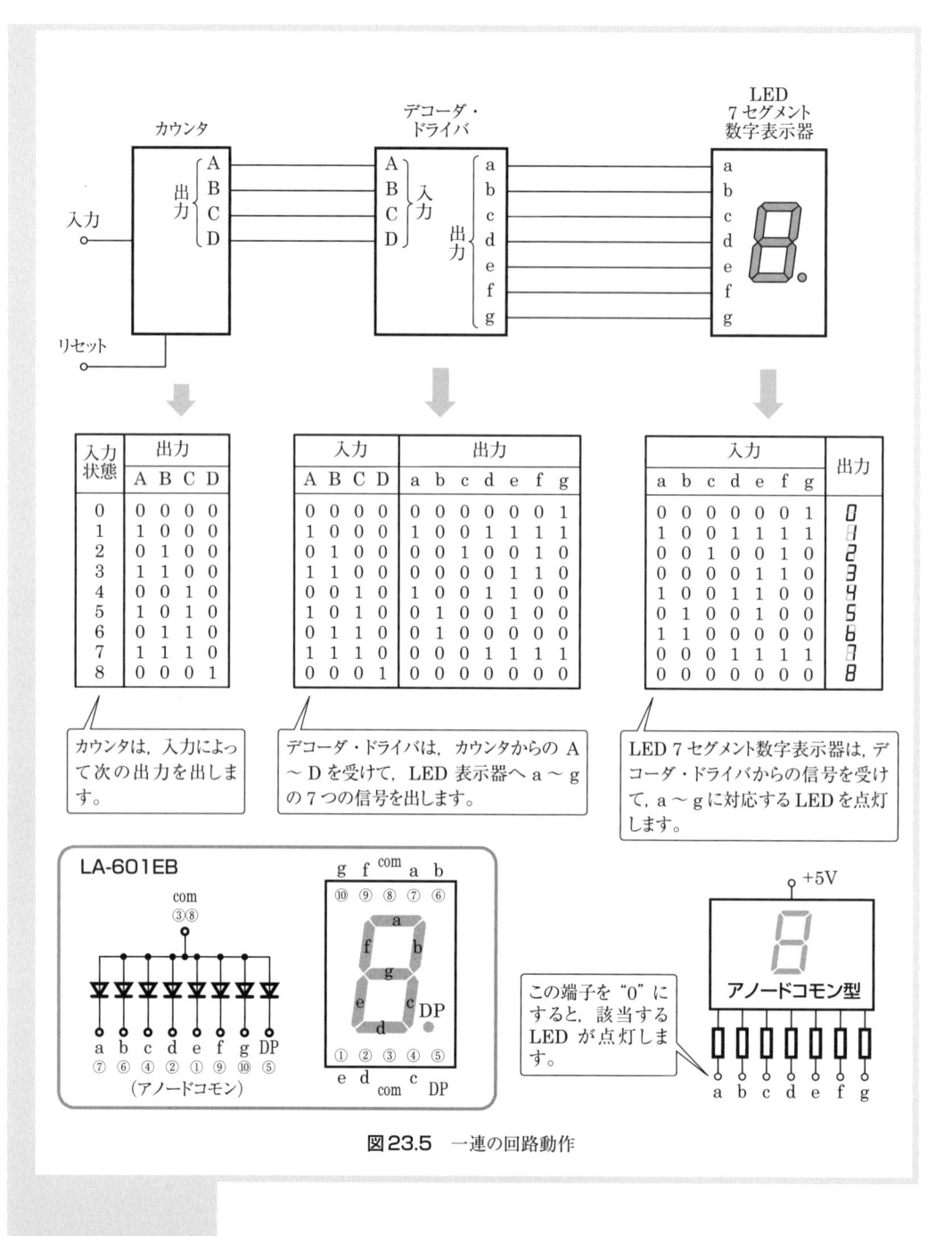

カウンタ

入力状態	出力 A B C D
0	0 0 0 0
1	1 0 0 0
2	0 1 0 0
3	1 1 0 0
4	0 0 1 0
5	1 0 1 0
6	0 1 1 0
7	1 1 1 0
8	0 0 0 1

カウンタは，入力によって次の出力を出します。

デコーダ・ドライバ

入力 A B C D	出力 a b c d e f g
0 0 0 0	0 0 0 0 0 0 1
1 0 0 0	1 0 0 1 1 1 1
0 1 0 0	0 0 1 0 0 1 0
1 1 0 0	0 0 0 0 1 1 0
0 0 1 0	1 0 0 1 1 0 0
1 0 1 0	0 1 0 0 1 0 0
0 1 1 0	0 1 0 0 0 0 0
1 1 1 0	0 0 0 1 1 1 1
0 0 0 1	0 0 0 0 0 0 0

デコーダ・ドライバは，カウンタからのA～Dを受けて，LED表示器へa～gの7つの信号を出します。

LED 7セグメント数字表示器

入力 a b c d e f g	出力
0 0 0 0 0 0 1	0
1 0 0 1 1 1 1	1
0 0 1 0 0 1 0	2
0 0 0 0 1 1 0	3
1 0 0 1 1 0 0	4
0 1 0 0 1 0 0	5
1 1 0 0 0 0 0	6
0 0 0 1 1 1 1	7
0 0 0 0 0 0 0	8

LED 7セグメント数字表示器は，デコーダ・ドライバからの信号を受けて，a～gに対応するLEDを点灯します。

LA-601EB（アノードコモン）

この端子を"0"にすると，該当するLEDが点灯します。

アノードコモン型

電源をONにした時，スタート記憶回路が雑音などでセットされてしまうと，スタート・ボタンが効かないことが起こりえます。こんなトラブルが起こらないために，電源をONにした時自動的にスタート記憶回路をリセット状態にする回路です。回路を図23.6に示します。簡単な充電回路の応用です。

● ストップOR回路

スタート記憶回路を終了・停止のためのリセット信号をまとめている

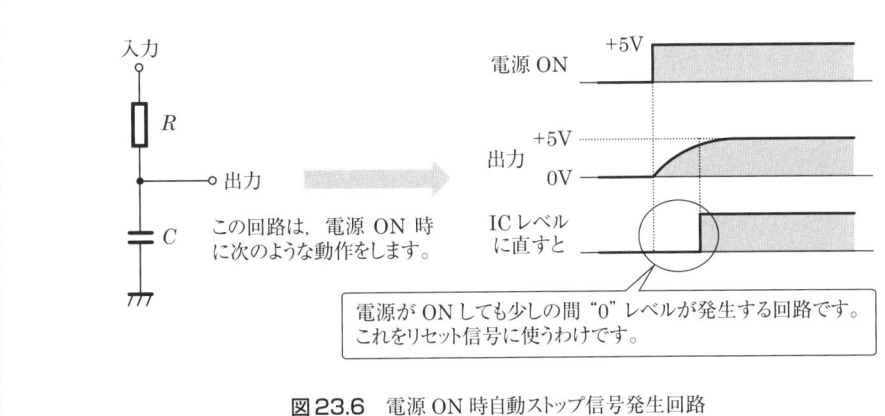

電源ON時
に次のような動作をします。

この回路は，電源ON時に次のような動作をします。

電源がONしても少しの間 "0" レベルが発生する回路です。これをリセット信号に使うわけです。

図23.6 電源ON時自動ストップ信号発生回路

回路です。

転送パルス・カウンタからの信号と電源ON時自動ストップ信号発生回路からの2系統からの "0" レベル信号をまとめて，一つのリセット用信号として出力しています。

(4) ブレッドボードへの実装

部品の点数が多いので，大き目のブレッドボード『SRH-53』を使用します。図23.7に『SRH-53』の外観を示します。

図23.8に全体の展開図を示します。また，表23.1に部品表を示します。使用したジャンプワイヤーのリストを表23.2に示します。

図23.7 SRH-53の外観

※ サンハヤト「ブレッドボード用パーツセット」の基本セット(SBS-101)と追加セット(SBS-102)をお持ちの方は，表中右欄の「追加個数」の部品を用意してください。その他は，パーツセットの部品が使用可能です。

表23.1 部品表

番号	部品名［表示］	型番・容量など	個数	追加個数※
IC_1	IC（タイマ IC）	NE555P	1	
IC_2	IC（TTL 型・8 ビットシフトレジスタ）	74LS165	1	1
IC_3，IC_7	IC（TTL 型・NAND 回路×4）	74LS00	2	1
IC_4	IC（TTL 型・NOT 回路×6）	74LS04	1	
IC_5	IC（TTL 型・10 進カウンタ）	74LS90	1	
IC_6	IC（TTL 型・4 ビット同期アップダウンカウンタ）	74LS193	1	
IC_8	IC(TTL 型・7 セグ LED デコーダ)	74LS47	1	
D_1	ダイオード	10DDA10〈日本インター〉	1	
DSP_1	7 セグメント LED（アノードコモン）	LA-601EB〈ROHM〉	1	1
C_1	電解コンデンサ	10μF（16WV）	1	
C_2	コンデンサ［332］	3300pF	1	1
C_3	コンデンサ［224］	0.22μF	1	
VR_1	可変抵抗	100kΩ（B 型）	1	
R_1	抵抗［茶緑橙金］	15kΩ（1/4W）	1	
R_2	抵抗［橙橙橙金］	33kΩ（1/4W）	1	
$R_3 \sim R_{13}$	抵抗［茶黒橙金］	10kΩ（1/4W）	11	3
R_{14}	抵抗［赤赤赤金］	2.2kΩ（1/4W）	1	
$R_{15} \sim R_{18}$	抵抗［黄紫赤金］	4.7kΩ（1/4W）	4	2
$R_{19} \sim R_{25}$	抵抗［橙橙赤金］	3.3kΩ（1/4W）	7	6
$SW_1 \sim SW_8$	押しボタンスイッチ	単極単投タイプ，IC ピッチ	8	5
SW_9	押しボタンスイッチ	単極双投(ON-ON)タイプ，IC ピッチ	1	1
B_1	単三乾電池		4	
	電池ボックス	単三×4／リード付	1	
	ブレッドボード	SRH-53	1	1

表23.2 使用したジャンパー線

	2.54	5.08	7.62	10.16	12.7	15.24	17.78
単線	6		11	9	27	4	6
	20.32	22.86	25.4	50.8	76.2	101.6	127
	6	8	3	8			1
より線	50	70	100	150	ミノムシ		合計
		6	2	8			105

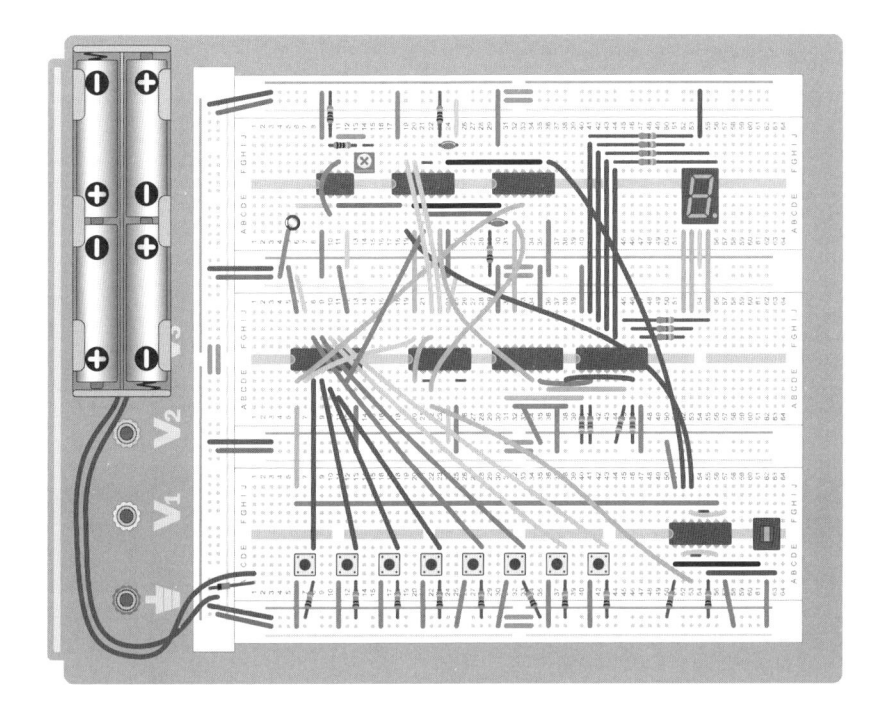

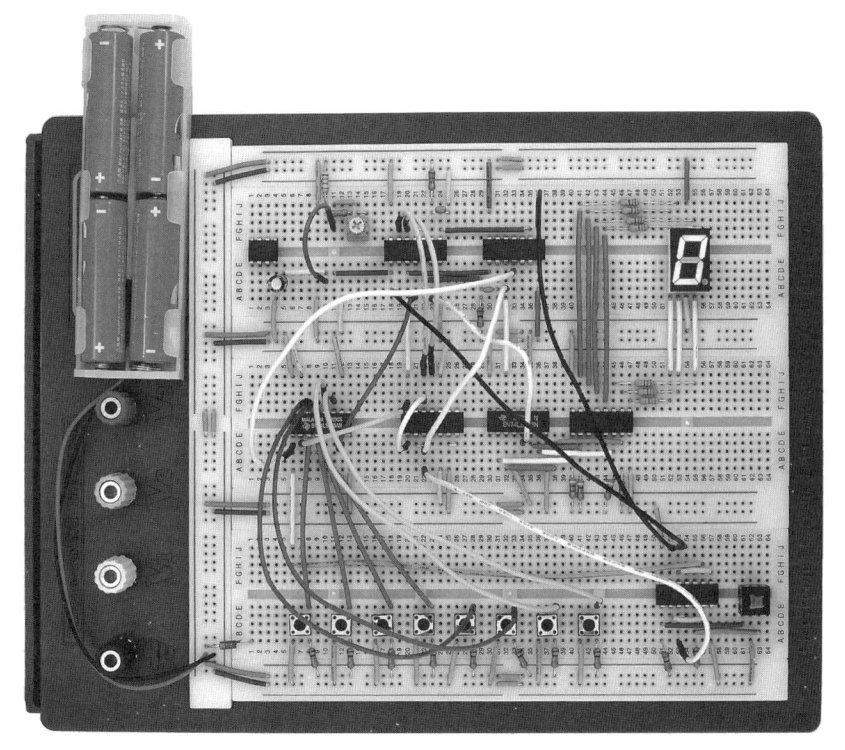

図23.8(1)　ブレッドボード展開図

図 23.8(2)　ブレッドボード展開図

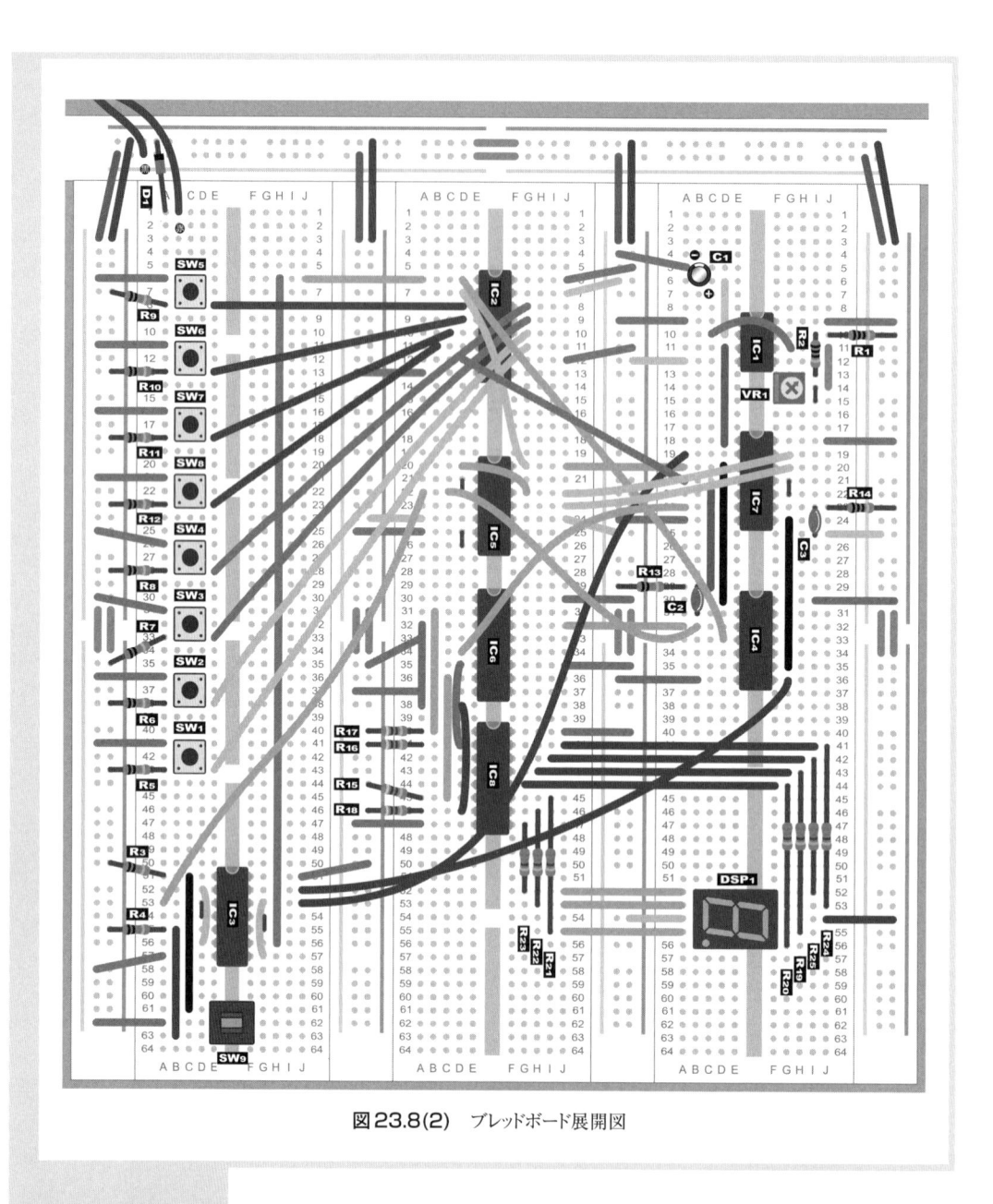

(5) この回路の操作方法

　乾電池（単三×4本）をセットしてから，質問司会者は，アンケートの趣旨を回答者全員に伝え，回答を依頼します．回答が出揃ったら，司会者はスタート・ボタンを押します．結果として，回答スイッチが押されている人数が表示されます．

● **部品の入手先について**

以下のパーツセットを購入可能です．詳細はホームページ，またはサンハヤトにお問い合わせください．

(1) **基本パーツセット** ［SBS-101］
(2) **追加パーツセット** ［SBS-102］
(3) **ブレッドボードセット**［SBS-100］（基本パーツセット［SBS-101］+ブレッドボード［SRH-32］+ジャンプワイヤーキット［SKS-390］）

《お問い合わせ先》

サンハヤト株式会社　　ネット販売係
〒170-0005　東京都豊島区南大塚 3-40-1
TEL 03(3984)7791　［平日 9:00～17:00］　　FAX 03(3971)0535
ホームページ　　　　　　　https://www.sunhayato.co.jp/
パーツセット特集ページ　　https://shop.sunhayato.co.jp/blogs/column/sbs-101-examples

表　パーツセット

		製作できる回路	
		SBS-101 （基本パーツセット）	SBS-102 （追加パーツセット）
7.	LED 表示トランジスタ式導通センサ	●	
8.	トランジスタ式タイマ	●	
9.	LED 交互点滅器	●	
10.	小鳥のさえずり声発生器	●	
11.	フォト・トランジスタを使用した光センサ	●	
12.	タイマ IC「555」を使ったタッチ・センサ	●	
13.	CMOS・IC を使った警報音発生器	●	
14.	IC を使ったマイク・アンプ	●	
15.	アナ・デジ電圧レベル計		●
16.	念力ゲーム器		●
17.	早押しゲーム器		●
18.	流れる LED 表示器		●
19.	電子ルーレット		●
20.	電子メトロノーム		●
21.	1 ビット加算器		●
22.	2 進数 3 桁加算器		●
23.	電子アンケート集計器	《パーツセットの販売はございません．ご了承ください．》	

（注意）

「追加パーツセット」は，基本パーツセットで足りない部品のみです．

これらの回路製作には，基本パーツセットの部品の一部を使用します．

● **カラーの展開図・写真のダウンロード**

ブレッドボード展開図のイラストと写真（いずれも，カラー PDF 形式）をダウンロードすることができます．動画で回路の動作を確認することもできます．また，IC やトランジスタの規格表がインターネット上で公開されていますので，検索サイトにて『"データシート"＋型番』のように検索して参考にすると良いでしょう．

《ホームページのアドレス》

東京電機大学出版局ホームページ　　https://www.tdupress.jp/
［トップページ］→［ダウンロード］→［たのしくできるブレッドボード電子工作］
●ブレッドボード展開図（PDF 形式・カラーイラスト）
●ブレッドボード展開図（PDF 形式・カラー写真）
●完成回路の動作（リンク／動画形式）

索 引

■ 型番[部品名]

2SA1015Y［PNP形トランジスタ］ 14
2SC1815Y［NPN形トランジスタ］ 14,61
4011B［NAND回路・CMOS型］ 85,99,103,114,120
4022B［カウンタ回路・CMOS型］ 114
4027B［J-Kフリップフロップ回路・CMOS型］ 99
4029B［(2進/10進・アップ/ダウン)カウンタ・CMOS型］ 120
4051B［マルチプレクサ・CMOS型］ 120
4511B［BCD入力7セグメントLEDデコーダ・CMOS型］ 126
555［タイマIC］ → NE555P
74LS00［NAND回路・TTL型］ 108
74LS04［NOT回路・TTL型］ 46,134
74LS05［NOT回路(オープンコレクタ)・TTL型］ 108
74LS08［AND回路・TTL型］ 126,134
74LS165［8ビットシフトレジスタ・TTL型］ 142
74LS192［10進同期アップダウンカウンタ・TTL型］ 48
74LS193［4ビット同期アップダウンカウンタ・TTL型］ 142
74LS32［OR回路・TTL型］ 134
74LS47［7セグメントLEDデコーダ・TTL型］ 142
74LS74［Dフリップフロップ回路・TTL型］ 108
74LS76［J-Kフリップフロップ回路・TTL型］ 46
74LS86［EX-OR回路・TTL型］ 126
74LS90［10進カウンタ・TTL型］ 142
G6E-134P-US DC5［リレー］ 76
HZS9A2［ツェナー・ダイオード］ 95
KUC3523［コンデンサ・マイク］ 89
LA-601EB［7セグメントLED・アノードコモン］ 144
LAP-601VL［7セグメントLED・カソードコモン］ 126
LM339［比較器］ 24,94
LM386N［ICアンプ］ 18,89
NE555P［タイマIC］ 19,80,85,108,114,120
NJL7502L［フォト・トランジスタ］ 76

■ 部品名[型番]

(2進/10進・アップ/ダウン)カウンタ［4029B(CMOS型)］ 120
10進同期アップダウンカウンタ［74LS192(TTL型)］ 46
10進カウンタNAND回路［74LS90(TTL型)］ 142
4ビット同期アップダウンカウンタ［74LS193(TTL型)］ 142
7セグメントLED［LA-601EB(アノードコモン)］ 144
7セグメントLED［LAP-601VL(カソードコモン)］ 126
7セグメントLEDデコーダ［74LS47(TTL型)］ 142
8ビットシフトレジスタ［74LS165(TTL型)］ 142
AND回路［74LS08(TTL型)］ 126,134
BCD入力7セグメントLEDデコーダ［4511B(CMOS型)］ 126
Dフリップフロップ回路［74LS74(TTL型)］ 108
EX-OR回路［74LS86(TTL型)］ 126
ICアンプ［LM386N］ 18,89
J-Kフリップフロップ回路［4027B(CMOS型)］ 99
NAND回路［4011B(CMOS型)］ 85,99,103,114,120
NAND回路［74LS00(TTL型)］ 108
NOT回路［74LS04(TTL型)］ 134
NOT回路(オープンコレクタ)［74LS05(TTL型)］ 108
OR回路［74LS32(TTL型)］ 134
カウンタ回路［4022B(CMOS型)］ 114
コンデンサ・マイク［KUC3523］ 89
タイマIC［555,NE555P］ 18,80,85,108,114,120
ツェナー・ダイオード［HZS9A2］ 95

比較器［LM339］ 24,94
フォト・トランジスタ［NJL7502L］ 76
マルチプレクサ［4051B(CMOS型)］ 120
リレー［G6E-134P-US DC5］ 76

■ 英数字

10進カウンタ 43
16進カウンタ 41
2進化10進数(BCD) 43
2進カウンタ 39
4進カウンタ 39
8進カウンタ 39
A(アノード) 11,13
AND(論理積:論理回路) 30,32
BCD(2進化10進数) 43
CMOS・IC 27
Dフリップフロップ 38
EX-OR回路 127
F(ファラド) 9
FA(全加算器) 132
HA(半加算器) 131
IC 18
ICの足ピンの読み方 17
J-Kフリップフロップ 36
J-Kフリップフロップの変換 38
K(カソード) 11,13
k(キロ)［接頭語］ 8
LED(発光ダイオード) 13
m(ミリ)［接頭語］ 8
M(メガ)［接頭語］ 8
NAND(否定論理和:論理回路) 30,33
NAND回路による基本ゲートの構成 34
NOR(否定論理積:論理回路) 30,33
NOT(否定:論理回路) 30,33
NPN型トランジスタ 14
OR(論理和:論理回路) 30,31
p(ピコ)［接頭語］ 8
PNP型トランジスタ 14
R-Sフリップフロップ 35
SKS-350(ジャンプワイヤーセット) 4
SKS-390(ジャンプワイヤーセット) 4
SRH-32(ブレッドボード本体) 4,52
TTL・IC 27
W(ワット) 5
WV(ワーキング・ボルト) 9
μ(マイクロ)［接頭語］ 8
Ω(オーム) 5

■ あ行

アステーブル・モード 22
アッパー・コンパレータ 20
アップカウンタ 122
アナログ 25
アナログIC 18
アノード(A) 11,13

色符号 5

エクスクルーシブ・オア回路	127
オーム	5
音響発振器	83

■ か行

回路図	16
カウンタ	39
加算器	125,131
加数	127
カソード(K)	11,13
可変コンデンサ	10
可変抵抗器	7,64
カラーコード	5,6
基準電圧	24,92
キャリー	130
金属皮膜抵抗	94
クロックパルス	37
計数器	39
桁上がり	127
ゲルマニウム・ダイオード	11
固定コンデンサ	9
固定抵抗器	5
コンデンサ	9
コンデンサ・マイク	88
コンパレータ	20,92

■ さ行

閾値	21,29
弛張発振回路	71
時定数	21
シフトレジスタ回路	50,107
ジャンプワイヤー	2,52
順方向降下電圧	11,13
シリコン・ダイオード	11
信号波形	37
真理値表	31
スライドスイッチ	64
スレッショルド(閾値)	21
制限抵抗	13
接頭語	8
全加算器(FA)	132

■ た行

ダーリントン接続回路	60
ダイオード	11
立ち上がり(クロックパルス)	37
立ち下がり(クロックパルス)	37
単安定発振器	20
直流増幅率	14,60
ツェナー・ダイオード	12
ツェナー効果	12
ツェナー電圧	12
抵抗	5
低電圧オーディオパワー増幅器IC	18
定電圧ダイオード	12
デジタル	25

デジタル回路	25
電解コンデンサ	9,64
電気図記号	5
電源遅延回路	110
電子ブザー	64
電流制限抵抗	13
電力容量	5
同期型カウンタ	44
トランジスタ	14
トリマ・コンデンサ	11

■ は行

発光ダイオード(LED)	13
発振回路	46,83
バリコン	10
パルス発生器	22
半加算器(HA)	131
半固定抵抗器	7
比較器	20,24,92
被加数	127
否定(NOT)	33
否定論理積(NOR)	33
否定論理和(NAND)	33
非同期型カウンタ	44
微分回路	143
ファラド	9
フォト・トランジスタ	75
フリーランニング・マルチバイブレータ	22
フリップフロップ回路	20,34
プルアップ抵抗	21,49
ブレッドボード	2,52
ブロック表示(ICの電源接続)	46
分圧	92
分解能	92
分周	39
ポテンショメータ	7
ボリューム	7

■ ま行

マルチ・バイブレータ回路	67
マルチプレクサ	122
モノステーブル・モード	20

■ ら行

リングカウンタ	52
ロアー・コンパレータ	20
論理回路	30
論理積(AND)	32
論理レベル	29
論理和(OR)	31

■ わ行

ワーキング・ボルト	9
ワット	5
ワンショット・マルチバイブレータ	20

【著者紹介】

西田和明（にしだ・かずあき）

　1945年　　東京生まれ
　1967年　　東京電機大学工学部機械工学科卒
　1961年　　アマチュア無線局（JA1ISN）開局
　　　　　　第一級アマチュア無線技士
　　　　　　日本電気㈱OB
　現　在　　「科学おもちゃクリエイター」として各地の学校，カルチャー・センターで科学工作教室の講師を務めている。

　主要著書　『やさしいエレクトロニクス工作』，『やさしい電子ロボット工作』，『やさしい電源の作り方』（以上，東京電機大学出版局），『新電子工作入門』，『手作りラジオ工作入門』（以上，講談社ブルーバックス）などがある。

たのしくできる
ブレッドボード電子工作

2011年4月20日　　第1版1刷発行　　　　　　ISBN 978-4-501-32830-6　C3055
2023年11月20日　　第1版8刷発行

著　者　西田和明
　　　　ⓒ Nishida Kazuaki　2011

発行所　学校法人 東京電機大学　　　〒120-8551　東京都足立区千住旭町5番
　　　　東京電機大学出版局　　　　　Tel. 03-5284-5386(営業) 03-5284-5385(編集)
　　　　　　　　　　　　　　　　　　Fax.03-5284-5387　振替口座 00160-5-71715
　　　　　　　　　　　　　　　　　　https://www.tdupress.jp/

JCOPY ＜(一社)出版者著作権管理機構　委託出版物＞
本書の全部または一部を無断で複写複製（コピーおよび電子化を含む）することは，著作権法上での例外を除いて禁じられています。本書からの複製を希望される場合は，そのつど事前に(一社)出版者著作権管理機構の許諾を得てください。また，本書を代行業者等の第三者に依頼してスキャンやデジタル化をすることはたとえ個人や家庭内での利用であっても，いっさい認められておりません。
［連絡先］Tel. 03-5244-5088, Fax. 03-5244-5089, E-mail：info@jcopy.or.jp

印刷：新灯印刷(株)　　製本：渡辺製本(株)　　装丁：大貫伸樹＋伊藤庸一
落丁・乱丁本はお取り替えいたします。　　　　　　　　　　　　Printed in Japan